FORSCHUNGSARBEITEN
AUF DEM GEBIETE DES INGENIEURWESENS
HERAUSGEGEBEN VOM VEREIN DEUTSCHER INGENIEURE
Schriftleitung: D. Meyer und M. Seyffert

Heft 203

Untersuchungen über den Verlauf der Verbrennung im Dieselmotor

von

Dr.-Ing. E. WEISSHAAR

1918
SPRINGER-VERLAG BERLIN HEIDELBERG GMBH

ISBN 978-3-642-47320-3 ISBN 978-3-642-47782-9 (eBook)
DOI 10.1007/978-3-642-47782-9

Inhaltsverzeichnis.

Untersuchungen über den Verlauf der Verbrennung im Dieselmotor.

Von Dr.-Ing. E. **Weifshaar.**

A) Zweck der Untersuchung.

Bei der Behandlung des Kreisprozesses im Dieselmotor wird allgemein das theoretische Gleichdruckdiagramm zugrunde gelegt, das unter folgenden vereinfachenden Annahmen entsteht:

1) Ansaugen und Auspuffen findet bei atmosphärischer Spannung statt, so daß die im wirklichen Diagramm vorhandene negative Fläche verschwindet.

2) Die Verdichtung geht in einem wärmeundurchlässigen Zylinder vor sich, so daß die Verdichtungslinie des Diagrammes eine Adiabate ist.

3) Die Verbrennung des gesamten Treiböles erfolgt bei gleichbleibender Spannung.

4) Die Ausdehnungslinie ist wieder eine Adiabate.

5) Es geht mit der Ladung keinerlei chemische Veränderung vor sich, so daß die Konstanten für das Gas bei der Verdichtung und bei der Ausdehnung dieselben sind.

6) Die spezifischen Wärmen sind unabhängig von der Höhe der Temperatur.

7) Nach Beendigung der Ausdehnung wird im äußeren Totpunkt durch plötzliche Wärmeentziehung bei gleichbleibendem Inhalte der Zustand bei Beginn der Verdichtung wieder erreicht und der Kreisprozeß geschlossen.

Aus dem so entstandenen theoretischen Gleichdruckdiagramm läßt sich zwar sehr einfach der theoretische thermische Wirkungsgrad des Prozesses ableiten; es ist aber erheblich größer als das wirkliche Diagramm, das bei derselben Wärmezufuhr entsteht; bei einem Verdichtungsverhältnis von $\varepsilon = 15$, einem Volldruckverhältnis $\varepsilon_1 = 2,5$ und $k = \frac{c_p}{c_v} = 1,41$ erhält man z. B. einen theoretischen thermischen Wirkungsgrad von $\eta_{th} = 0,59$, während die obere positive wirkliche Diagrammfläche selten mehr als $\eta_i = 0,45$ ergibt. Der Völligkeitsgrad ist daher nur etwa $\eta_v = \frac{0,45}{0,59} = 0,75$. Zur Beurteilung der in der ausgeführten Maschine auftretenden Drücke und Temperaturen sowie zur Berechnung der Leistung eignet sich daher das theoretische Gleichdruckdiagramm nicht.

Läßt man die Annahmen 1), 5) und 6) fallen, entwirft man also das theoretische Diagramm, ausgehend von dem wirklichen Saugunterdruck mit Berücksichtigung der mit Temperatur und chemischer Zusammensetzung sich ändernden spezifischen Wärmen, so wird das theoretische Diagramm schon kleiner. Der Völligkeitsgrad steigt auf etwa $\eta_v = 0{,}81$.

Zergliedert man den Unterschied zwischen dem theoretischen und dem wirklichen Diagramm weiter, so findet man, daß die Hauptursache für den Unterschied in den Annahmen 3) und 4) liegt, während die anderen Annahmen einen geringeren Einfluß haben. So habe ich z. B. festgestellt, daß bei einem Völligkeitsgrade $\eta_v = 0{,}814$ ein Verlust von 0,045 auf die Wärmeabfuhr bei der Verdichtung, ein Verlust von 0,003 auf den vorzeitigen Auspuff entfällt, aber der Hauptverlust von 0,138 auf die langsamer verlaufende Verbrennung und auf die Kühlung während des Ausdehnungshubes zurückzuführen ist.

Es ist in dieser Arbeit versucht, die Entstehung dieses Hauptverlustes durch Verfolgung des Verlaufes der Verbrennung und der Wirkung der Kühlung klarzustellen.

B) Gedankengang der Untersuchung.

Es bedeute:

J_0 die Gaswärme (Wärmeinhalt) der am Ende der Verdichtung im Verdichtungsraum eingeschlossenen Luftabgasmenge,

J_{18} die Gaswärme beim Oeffnen des Auslaßventiles,

A die Arbeit, die während der Ausdehnung geleistet ist, dargestellt durch die Fläche $0\ a\ 18\ b\ c$, Abb. 1, ausgedrückt in WE,

i die Gaswärme, die Einblaseluft und Treiböl beim Einblasen in den Zylinder bringen,

a die Arbeit, die beim Einblasen geleistet wird, ausgedrückt in WE,

Q die durch Verbrennung des Treiböles zugeführte Wärmemenge oder genauer: die im Treiböl chemisch gebundene Wärmemenge,

q die zwischen 0 und 18 durch Kühlung entzogene Wärmemenge,

q_r die durch unvollständige Verbrennung verloren gehende Wärmemenge.

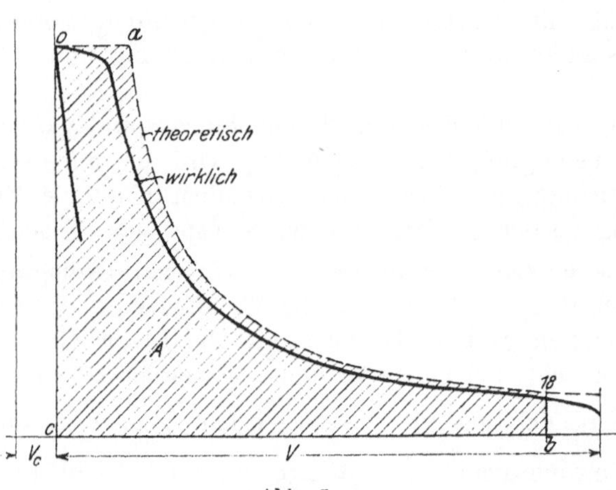

Abb. 1.

Beim theoretischen Diagramm wird die Wirkung der Kühlung außer acht gelassen und die Verbrennung als vollständig betrachtet; also ist hier $q = 0$ und $q_r = 0$. Die Summe der zugeführten Wärme- und Arbeitsmengen muß gleich sein der Summe der abgeführten Wärme- und der geleisteten Arbeitsmengen. Daraus folgt

$$J_0 + Q + i + a = J_{18} + A \quad \text{. . . . .} \quad (1).$$

Beim wirklichen Diagramm sind zwei Fälle zu unterscheiden, je nachdem bei Beginn des Auspuffes die Verbrennung beendigt oder nicht beendigt ist. Im ersteren Falle ergibt sich

$$J_0 + Q + i + a = J_{18} + A + q \quad \text{. . . . .} \quad (2).$$

Darin ist A unter allen Umständen kleiner als in Gl. (1). J_{18} kann größer, gleich oder kleiner sein als in Gl. (1).

Im zweiten Falle ist

$$J_0 + Q + i + a = J_{18} + A + q + q_r \quad \text{. . . . . .} \quad (3).$$

Ob beim wirklichen Diagramm der erste oder der zweite Fall vorliegt, kann durch das Wärmediagramm festgestellt werden. Wir bleiben zunächst beim ersten Falle, also Gl. (2).

Sämtliche Größen dieser Gleichung mit Ausnahme von q können durch Messung der verbrauchten Treibölmenge und durch Auswerten der Diagramme festgestellt werden. Die an das Kühlwasser abgegebene Wärmemenge kann also berechnet werden aus

$$q = J_0 + Q + i + a - J_{18} - A.$$

Da es jedoch zweifelhaft erscheint, ob die Angaben der Indikatordiagramme, die wegen der hohen Drücke mit sehr starken Federn aufgenommen werden müssen, so genau sind, daß die nach obiger Gleichung berechneten, im Verhältnis zu Q und A recht kleinen Werte q zuverlässig sind, so waren die gefundenen Werte q noch auf anderem Wege zu bestätigen. Es war also znnächst zu prüfen, ob die an verschiedenen Maschinen festgestellten Werte q die je nach Größe, Umlaufzahl und Belastung der Maschinen zu erwartenden Unterschiede aufweisen und sich mit den bekannten Wärmebilanzen in Einklang bringen lassen. Eine weitere Bestätigung der Werte q war zu erwarten, wenn es gelang, aus den im Diagramm angegebenen Temperaturen und den kühlenden Oberflächen mit Hilfe der Wärmeübergangsgesetze ähnliche Werte zu berechnen. Ließ sich eine genügende Uebereinstimmung erzielen, so war der Schluß erlaubt, daß auch für die einzelnen Stücke der Ausdehnungskurve die Wirkung der Kühlung sich nach diesen Wärmeübergangsgesetzen vollzieht. Damit war dann aber auch der Verlauf der Verbrennung klargestellt; für das Kurvenstück $x\,y$, Abb. 2, ergibt sich z. B., wenn q_y die auf dem Wege von x nach y an das Kühlwasser abgegebene Wärmemenge ist, die aus den Gastemperaturen und den kühlenden Oberflächen berechnet werden kann:

$$J_x + Q_y = J_y + A_y + q_y$$
$$Q_y = J_y + A_y + q_y - J_x \quad \text{. . . . .} \quad (4).$$

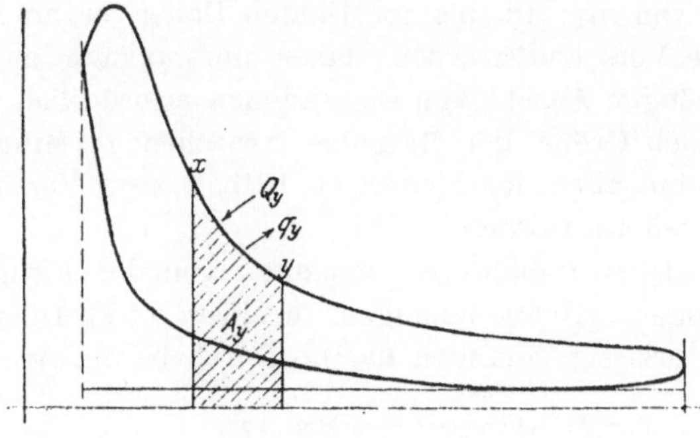

Abb. 2.

In dieser Gleichung können J_x, A_y und J_y aus dem Diagramm entnommen werden; die durch Verbrennung während des Weges von x nach y freiwerdende Wärmemenge Q_y ist also bestimmt. Die Rechnung kann fortlaufend für die ganze Ausdehnungskurve durchgeführt werden, wodurch man ein ganz klares Bild der Verbrennung erhält.

Wie im Falle der Gl (3), wo die Verbrennung bei Oeffnen des Auspuffes noch nicht beendigt ist, zu verfahren ist, wird sich später ergeben.

C) Die Versuche.

Da es nach dem Obigen nur auf genaue Feststellung der indizierten Arbeit, des Verlaufes der Ausdehnungslinie und des Wärmeverbrauches ankam, so gestalteten sich die Versuche recht einfach.

Es war allerdings von vornherein klar, daß ein allgemein gültiger Nachweis der Art des Wärmeüberganges an das Kühlwasser nur durch eine größere Anzahl von Versuchen an verschiedenen Maschinen gelingen konnte. Daher sind 10 voneinander unabhängige Versuche an 8 Maschinen vorgenommen worden. Die Maschinen waren mit einer Ausnahme (Versuch VIII, die Maschine war auf dem Versuchstand der Fabrik) schon längere Zeit — Monate oder Jahre — im praktischen Betriebe und wurden so benutzt, wie sie vorgefunden wurden. Nur wurde bei Mehrzylindermaschinen vor den Versuchen geprüft, ob die Leistung der einzelnen Zylinder gleich war; nötigenfalls wurden die Brennstoffpumpen entsprechend eingestellt. An Schmierung, Steuerung usw. wurde nichts geändert. Maschinen, deren Auspuff stark rauchte, wurden zu Versuchen nicht benutzt.

Die Belastung konnte in allen Fällen während der Versuche gleichgehalten werden; bei den Versuchen I und VI konnte dieses durch Akkumulatorenbatterien, in den Fällen III, IV, V und VIIa durch Draht- oder Wasserwiderstände, im Falle VIII durch einen Bremszaum leicht geschehen. Die Versuche IIa und IIb wurden an einer Maschine vorgenommen, die durch eine große Anzahl kleinerer Werkzeugmaschinen und durch Licht fast vollkommen gleichmäßig belastet war; bei Versuch VIIb war die Maschine auf ein großes Drehstromnetz geschaltet und eine Tageszeit ausgesucht, in der keine Belastungsschwankungen vorkamen.

Der Treibölverbrauch wurde an den Filtrier- oder an den Schwimmergefäßen der Brennstoffpumpen in der bekannten Weise gemessen, daß eine vorher gewogene Menge Oel nach Absperrung des regelrechten Zulaufes unmittelbar in die Gefäße geschüttet und der Inhalt der Gefäße zu Beginn und am Schluß der Versuche durch eine eingehängte Nadel genau gleich gemacht wurde. Es zeigte sich bald, daß bei diesem Verfahren kurze Zeitdauer für die Versuche genügte; die Unterschiede im Treibölverbrauch, die sich bei kleineren Maschinen zwischen zwei Versuchen von nur 17 bis 20 Minuten Dauer ergaben, lagen durchweg unter 1 vH. Die Versuche wurden daher nur solange ausgedehnt, wie zur Erlangung der nötigen Anzahl von Diagrammen erforderlich war. Die Zeitdauer schwankte je nach Größe der Maschine zwischen 17 Minuten und 1 Stunde. In jedem Falle sind aber der Sicherheit halber zwei Versuche mit derselben Belastung durchgeführt worden.

Die verwendeten Indikatoren stammten von der Firma H. Maihak A.-G., die auch Münzinger (»Untersuchungen an einem 15 PS-Dieselmotor der MAN«) als durchaus zuverlässig gefunden hat[1]). Durch besondere Vorversuche wurde

[1]) Mitteilungen über Forschungsarbeiten Heft 174.

festgestellt, daß die Diagramme der sechs verschiedenen Indikatoren durchaus gleichwertig sind; trotzdem sind während der Versuche an Mehrzylindermaschinen die Indikatoren an den verschiedenen Zylindern vertauscht worden, damit die etwa noch vorhandenen Unterschiede ausgeglichen wurden. Auch ein zeitweilig daneben benutzter Indikator von Dreyer, Rosenkranz & Droop ergab fast genau dieselben Diagramme. Bei jedem Versuche sind mindestens 4 Diagrammsätze mit je 10 Viertakten von jedem Zylinder aufgenommen worden.

Der Federmaßstab war durchweg 1 mm = 1 kg/qcm; die Federn wurden wiederholt geeicht. Die Indikatorkolben sind nach Aufnahme von je 2 Diagrammsätzen herausgenommen und geschmiert worden.

Außerdem wurden von jedem Zylinder Schwachfederdiagramme im Maßstabe 25 mm = 1 kg/qcm aufgenommen.

Besondere Sorgfalt wurde auf die Indikatorantriebvorrichtungen verwendet. Große Führungsrollen mit geringer Eigenreibung erwiesen sich für die Schnurführung als besonders wichtig.

Die Umlaufzahl wurde durch häufig wiederholtes Zählen festgestellt. Kühlwasserablauftemperatur und Einblasedruck wurden während der Versuche gleich gehalten.

Es wurden untersucht:

Versuchs-Nr.

I	Zweizylindermotor der Gasmotorenfabrik Deutz,
IIa	Einzylindermotor von Gebr. Sulzer,
IIb	derselbe,
III	Zweizylindermotor der Maschinenfabrik Augsburg-Nürnberg,
IV	derselbe
V	Vierzylindermotor » » » »
VI	Sechszylindermotor » » » »
VIIa	Vierzylindermotor der Görlitzer Maschinenfabrik und Eisengießerei,
VIIb	derselbe,
VIII	Zweizylindermotor von Gebr. Körting A.-G.

Die Zylinderabmessungen und Umlaufzahlen sind in Zahlentafel 1, S. 54 und 55, enthalten.

Die Maschinen wurden mit der Belastung geprüft, mit der sie im gewöhnlichen Betriebe liefen. Die Höhe der Belastung ergibt sich aus den Diagrammmittelspannungen:

I	IIa	IIb	III	IV	V	VI	VIIa	VIIb	VIII
6,46	6,22	7,18	5,64	5,73	5,57	6,38	6,43	4,36	6,65 kg/qcm

Alle Maschinen arbeiteten im einfachwirkenden Viertakt. Versuch IIa wurde bei der Tagesbelastung vorgenommen, IIb frühmorgens, als der Lichtbedarf hinzutrat. Bei Versuch VIIb war die gewöhnliche Belastung vorhanden, zu Versuch VIIa wurde die Gelegenheit des Nachweises der Dauerleistung benutzt. Die Maschinen V und VI haben dieselben Zylinderabmessungen, aber verschiedene Umlauf- und Zylinderzahlen. Maschinen V und VI haben mit Wasser, Maschine VII mittels Ventilators durch Luft gekühlten Kolbenboden. Die Maschinen I bis VII sind stehender Bauart mit geschlossener Düse, Maschine VIII liegender Bauart mit offener Düse. Bis auf Maschine VIII, die ja auf dem Prüfstand lief, waren alle mit Dynamomaschinen unmittelbar gekuppelt.

Die Versuche I, IIa, IIb, III, IV, V und VIIb wurden mit Gasöl, VI und VIIa mit Teeröl ohne Zündölzusatz und VIII mit Paraffinöl vorgenommen. Die Oele sind auf den Heizwert untersucht worden.

D) Berechnung der aus dem Diagramm verschwindenden Wärmemengen *q*.

1) Behandlung der Diagramme.

Im vorliegenden Falle war es von besonderer Wichtigkeit, sowohl den Verlauf der Verbrennungslinie als auch die zwischen dem Totpunkt und dem Beginn des Auspuffes geleistete Arbeit *A* genau festzustellen; da die Maschinen

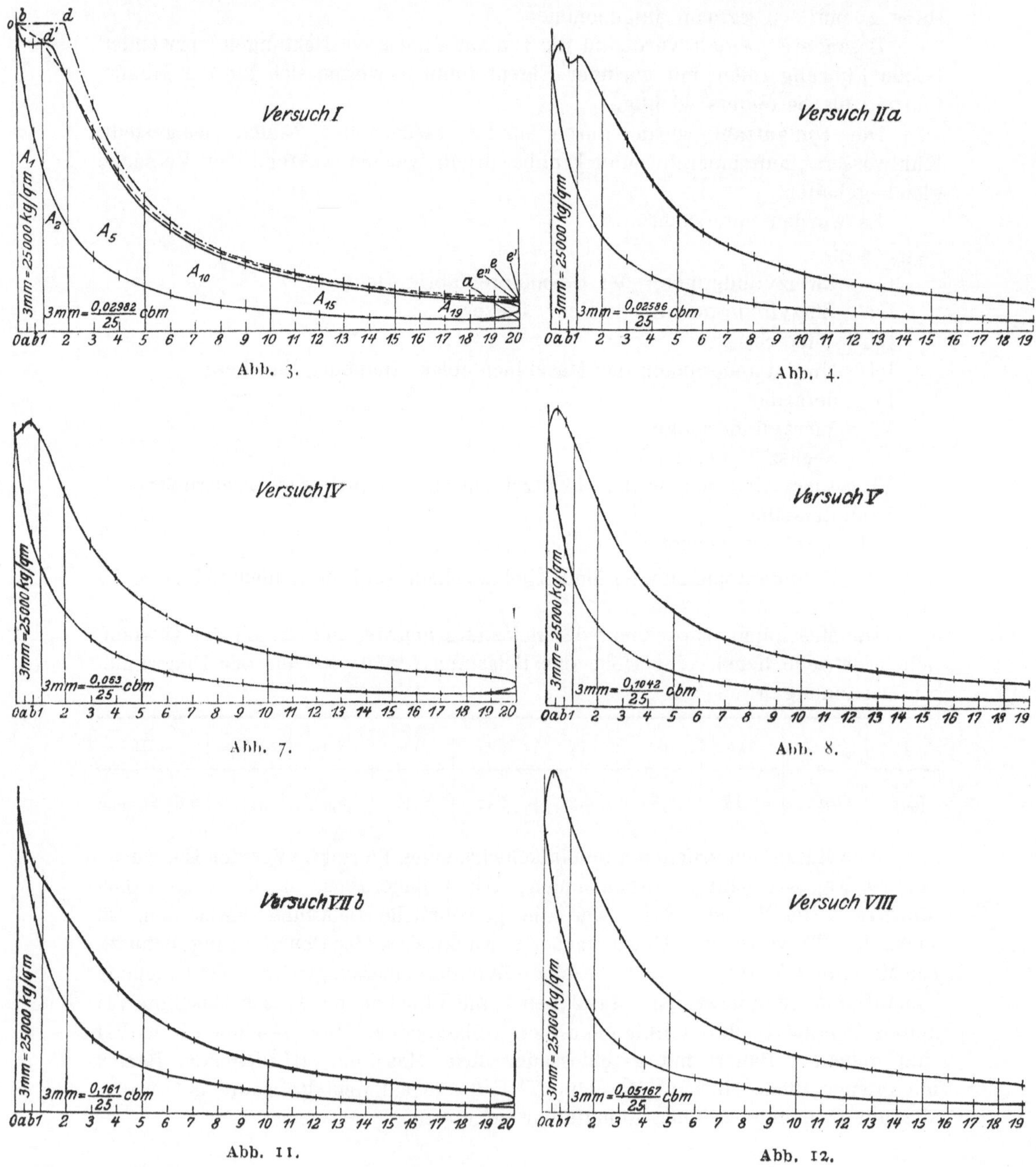

Abb. 3.

Abb. 4.

Abb. 7.

Abb. 8.

Abb. 11.

Abb. 12.

nun häufig, auch bei gleichbleibender Belastung infolge etwas unregelmäßig verlaufender Zündungen um die Ruhelage etwas pendeln, so erschien es nicht zulässig, die Schlußfolgerungen nur auf einen einzigen Diagrammsatz zu stützen. Ferner sind die Flächen der Urdiagramme so klein, daß die beim Planimetrieren unvermeidlichen kleinen Fehler einen erheblichen Einfluß auf die Größe A haben und somit die Größe q, die nur einen kleinen Bruchteil von A ausmacht, vollständig fälschen können. Endlich machte bei Mehrzylindermaschinen, wenn man die Zylinder einzeln behandeln wollte, die Bestimmung von Q Schwierigkeiten, da nur wenige Maschinen so eingerichtet waren, daß der Oelverbrauch für jeden Zylinder getrennt festgestellt werden konnte; bei einer für mehrere Zylinder gemeinsamen Einrichtung zur Treibölversorgung kann es aber niemals

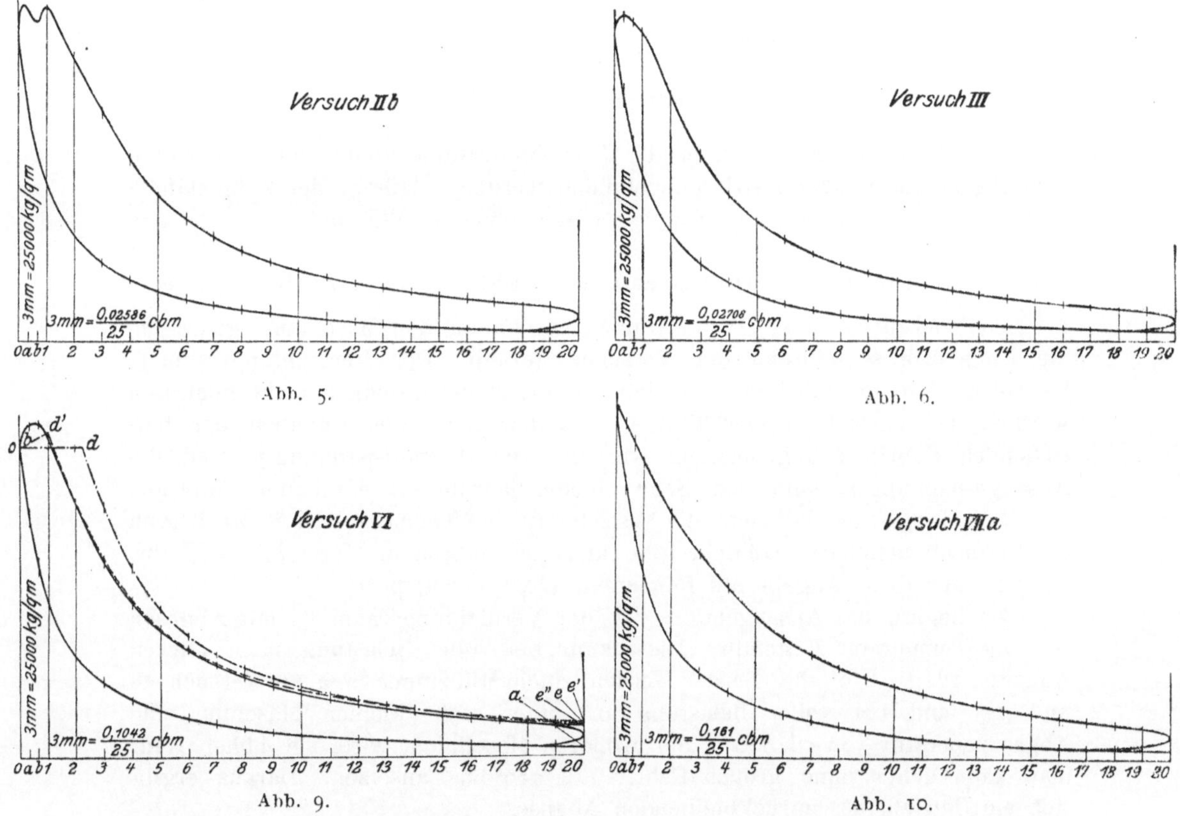

Abb. 5. Abb. 6.

Abb. 9. Abb. 10.

gelingen, das Oel ganz gleichmäßig auf die verschiedenen Zylinder zu verteilen. Aus allen diesen Gründen ist bei der Behandlung der Urdiagramme in folgender Weise verfahren worden.

Von jedem Zylinder sind mindestens 4 (nur bei der Sechszylindermaschine VI nur 3) Diagrammsätze genommen. Jedes Diagramm ist dem Hube nach in 20 Teile geteilt und an den Teilpunkten die Ordinaten gezogen; das erste Zwanzigstel nach dem Totpunkt ist, um den ersten Teil der Verbrennung besser verfolgen zu können, nochmals in 3 Teile geteilt. Die Höhe der Ordinaten in den Urdiagrammen ist mittels Lupe auf $^1/_{10}$ mm genau gemessen; aus den Ordinaten der zusammengehörigen Teilpunkte sämtlicher Diagrammsätze, also auch verschiedener Zylinder, ist das Mittel gebildet und mit diesen mittleren Ordinaten ist ein mittleres Diagramm in vergrößertem Maßstabe, Abb. 3 bis 12, aufgezeichnet. Bei der Einzylindermaschine II ist also die Abb. 4 und die Abb. 5, da 6 Diagrammsätze genommen wurden, das Mittel aus 60 Viertakten, bei den Zweizylindermaschinen das Mittel aus 80, bei den Vierzylindermaschinen das Mittel aus 160 und bei der Sechszylindermaschine das Mittel aus 180 Viertakten. Gleichzeitig ergab sich bei diesem Verfahren als Vorteil, daß die zuweilen, besonders bei höheren Umlaufzahlen, auftretenden Schwingungen der Indikatormassen durch das Zusammenlegen von Diagrammen verschiedener Zylinder ausgeglichen wurden, da die Schwingungen sich nicht deckten. Bei der Einzylindermaschine II traten allerdings auch Schwingungen auf, die so ausgeglichen wurden, daß die Summe der Ordinaten dieselbe blieb.

Der Maßstab des mittleren Diagrammes wurde mit 1 cm = 2,5 kg/qcm für die Höhe und 25 cm = Hubraum $V = \frac{D^2\pi}{4}$ S für die Länge angenommen. Somit ist der Flächenmaßstab

$$1 \text{ qcm} = \frac{25\,000\ V}{25} = 1000\ V \text{ mkg}$$

$$1 \text{ qcm} = \frac{1000\ V}{427} \text{ WE.}$$ [1]

Die Größe der Fläche unter der Ausdehnungslinie konnte nun mit großer Genauigkeit durch Planimetrieren gefunden werden. Zeile 31 der Zahlentafel 1 gibt diesen Wert in qcm und Zeile 32 umgerechnet in WE an.

2) Bestimmung der Zahlenwerte auf Zahlentafel 1, Zeile 1 bis 33.

Zylinderdurchmesser D und Hub S wurden an den Maschinen gemessen, die Umlaufzahl n während der Versuche gezählt. Der Verdichtungsraum V_c konnte an den im praktischen Betriebe gebrauchten Maschinen nicht gemessen werden, das Verdichtungsverhältnis ε ist daher nach den Angaben der herstellenden Fabriken angenommen worden. Die Auspuffspannung p_r und die Ansaugespannung p_a sind den Schwachfederdiagrammen entnommen worden.

Schwierigkeiten bereitete die Festsetzung der Temperaturen T_a zu Beginn des Verdichtungshubes. Güldner gibt für Dieselmotoren im Mittel $T_a = 325^0$ abs. an; ich habe diese Angabe auf folgendem Wege nachgeprüft:

Zu Beginn des Ansaugehubes ist der Verdichtungsraum V_c mit Abgasen von der Temperatur T_r gefüllt. Diese kann bei voller Belastung nach älteren Angaben rd. zu 750^0 abs. gesetzt werden; auch Münzinger (a. a. O. Versuch 38 und 42) fand bei voller Belastung an seiner recht kleinen Maschine eine Abgastemperatur von rd. 700^0. Bei größeren Maschinen wird sie höher sein; man kann daher ohne großen Fehler $T_r = 750^0$ abs. ansetzen. Daraus ergibt sich ein Gewicht des zurückbleibenden Abgases

$$G_r = \frac{p_r\, V_c}{R_r\, T_r} \quad \ldots \ldots \ldots \ldots \quad (4)$$

mit einer Gaswärme, bezogen auf 0^0 C

$$J_r = G_r \left\{ a_r + \frac{b_r}{2}(T_r + 273) \right\} (T_r - 273)^{2)} \quad \ldots \ldots \quad (5).$$

Hierin sind a_r und b_r die Konstanten der mit der Temperatur veränderlichen spezifischen Wärme

$$c_{v_r} = a_r + b_r\, T \quad \ldots \ldots \ldots \ldots \quad (6)$$

für das Abgas.

---

[1]) Bei der Drucklegung mußten die Maßstäbe geändert werden, doch sind im Text wie in den Zahlentafeln die Werte beibehalten, die sich aus den ursprünglichfn Maßstäben ergaben.

[2]) Bezüglich der Ableitung dieser Formel siehe Schöttler, Die Gasmaschine. 5. Aufl. S. 413.

Am Ende des Ansaugehubes ist der Raum $(V + V_c)$ gefüllt mit Abgas und Luft von einem Gesamtgewicht

$$G_r + G_L = G_1 = \frac{p_a (V + V_c)}{R_a T_a'} \quad . \quad . \quad . \quad . \quad . \quad . \quad . \quad . \quad (7).$$

Die Gaskonstante R_a für das Gemisch von Abgas und Luft kann, da G_r gegenüber G_L nur klein ist, ohne weiteres gleich der Gaskonstanten $R = 29{,}3$ für Luft gesetzt werden. Auch R_r weicht von diesem Werte nur wenig ab, so z. B. ist, wie sich später ergibt, bei Gas- und Paraffinöl $R_r = 29{,}27$, bei Teeröl $R_r = 28{,}8$. G_r kann berechnet werden, G_L in Gl. (7) und T_a' sind unbekannt. Als zweite Gleichung für diese beiden Unbekannten hat man

$$J_1 = J_r + J_L \quad . \quad . \quad . \quad . \quad . \quad . \quad . \quad . \quad . \quad . \quad . \quad (8),$$

worin J_r die Gaswärme der Luftabgasmischung, J_L die Gaswärme der angesaugten Luft ist.

$$J_L = G_L \left\{ a + \frac{b}{2} (T_L + 273) \right\} (T_L - 273) \quad . \quad . \quad . \quad . \quad . \quad (9).$$

Für Luft ist $c_v = a + b\,T = 0{,}155 + 0{,}000041\,T$, $a = 0{,}155$ und $b = 0{,}000041$. T_L kann im Mittel mit 300^0 C abs. angesetzt werden.

$$J_1 = G_1 \left\{ a_1 + \frac{b_1}{2} (T_a' + 273) \right\} (T_a' - 273) \quad . \quad . \quad . \quad . \quad . \quad (10).$$

a_1 kann wieder $= a$ und $b_1 = b$ gesetzt werden.

$$G_1 \left\{ a + \frac{b}{2} (T_a' + 273) \right\} (T_a' - 273)$$
$$= G_r \left\{ a_r + \frac{b_r}{2} (T_r + 273) \right\} (T_r - 273) + G_L \left\{ a + \frac{b}{2} (T_L + 273) \right\} (T_L - 273) \quad (11).$$

Aus Gl. (7) entnimmt man den Wert G_1 und setzt $G_L = G_1 - G_r$ und erhält

$$\frac{p_a (V + V_c)}{R\,T_a'} \left\{ a + \frac{b}{2} (T_a' + 273) \right\} (T_a' - 273) =$$
$$G_r \left\{ a_r + \frac{b_r}{2} (T_r + 273) \right\} (T_r - 273) + \left[\frac{p_a (V + V_c)}{R\,T_a'} - G_r \right] \left\{ a + \frac{b}{2} (T_L + 273) \right\} (T_L - 273)$$
$$(12).$$

a_r und b_r können aus Zahlentafel 1, Zeile 27, entnommen werden. Mit den üblichen Verdichtungsverhältnissen $\varepsilon = 14$ bis 15, mit $T_r = 750^0$ und $T_L = 300^0$ erhält man für T_a' stets einen Wert, der dicht bei 315^0 abs. liegt.

Hierbei ist nun der Einfluß der heißen Wandungen, die vorher mit den Auspuffgasen in Berührung gestanden haben und während des Ansaugens Wärme an die Luft abgeben, noch nicht berücksichtigt. T_a' wird dadurch auf T_a erhöht.

Der Wärmeübergang von der heißen Wand an die Luft erfolgt durch Strahlung einerseits und Leitung und Berührung anderseits. Er kann angenähert berechnet werden aus

$$w = \left\{ F_m \left\{ C \left[\left(\frac{T_m}{100}\right)^4 - \left(\frac{T_a'}{100}\right)^4 \right] + \alpha (T_m - T_a') \right\} + \right.$$
$$\left. F_k \left\{ C \left[\left(\frac{T_k}{100}\right)^4 - \left(\frac{T_a'}{100}\right)^4 \right] + \alpha (T_k - T_a') \right\} \right\} z \quad (13),$$

worin F_m die mittlere innere Oberfläche von Zylinder und Ventilkopf in qm,
T_m die mittlere Temperatur von Zylinder und Ventilkopf in ^{0} abs.,
F_k die Fläche des Kolbenbodens in qm,
T_k die Temperatur des Kolbenbodens in ^{0} abs.,

C die Strahlungsziffer,
α die Uebergangsziffer für Berührung und Leitung,
z die Zeit eines Hubes in Stunden bedeuten.

Als F_m kann man diejenige Oberfläche annehmen, die in der Mitte der Zeitdauer des Ansaugehubes, d. h. unter Berücksichtigung der endlichen Schubstangenlänge, bei Ordinate 11 vorhanden ist. Für T_m kann nach Enslin (Dingl. Polyt. Journal 1908 S. 465) bei Gasmaschinen 63 bis 65° C angenommen werden. Beim Dieselmotor ist die Wandtemperatur infolge der höheren spezifischen Belastung größer. Es sei $T_m = 70°$ C angenommen, also $T_m = 343°$ abs. Die Temperatur des Kolbenbodens kann nach Güldner mit $T_k = 275°$ C $= 548°$ abs. gesetzt werden. Die Strahlungsziffer ist nach neueren Untersuchungen (siehe S. 41) die des absolut schwarzen Körpers, $C = 4{,}6$. Die Uebergangsziffer für Berührung und Leistung ist nach Versuchen von Hinlein (Taschenbuch der Hütte, 21. Aufl. S. 404) abhängig von der Geschwindigkeit, mit der die Luft an den Heizflächen vorbeiströmt. Die mittlere Ansaugegeschwindigkeit liegt meist bei 40 m/sk, entsprechend einem Unterdruck von 0,01 kg/qcm. Nach den Hinleinschen Versuchen hat man für diese Geschwindigkeit bei matter Oberfläche $\alpha = \infty$ 30 WE/qm st °C zu setzen.

Mit Benutzung dieser Zahlen habe ich für die Versuchsmaschinen den Wärmeübergang w während des Saughubes an die Luft berechnet und damit auch die Temperaturerhöhung bestimmt. Es wird $T_a = 326°$ bei kleinen und $T_a = 323°$ abs. bei großen Maschinen. Der von Güldner angegebene Wert $T_a = 325°$ dürfte daher zuverlässig sein und ist auch von mir bei voller oder annähernd voller Belastung benutzt worden; nur bei Versuch VIIb, der bei recht geringer Belastung stattfand, mußte T_r, T_m und T_k sehr viel kleiner sein, so daß hier $T_a = 315°$ gewählt ist (Zahlentafel 1, Zeile 9).

Das Gewicht G_1 des Gemisches von Luft und Abgas zu Beginn des Verdichtungshubes ist nun berechnet nach

$$G_1 = \frac{p_a (V + V_c)}{R\, T_a} \quad \ldots \ldots \ldots \ldots (14)$$

und in Zahlentafel 1, Zeile 10 angegeben.

Bestimmt man mit Gl. (4), indem man p_r und R_r der Zahlentafel 1 entnimmt und $T_r = 750°$ setzt, das Gewicht G_r des Abgasrestes und bildet das Gewicht G_L der frisch angesaugten Luft $G_L = G_1 - G_r$, so findet man, bezogen auf 25° C Maschinenhaustemperatur, einen Lieferungsgrad des Saughubes:

I	IIa	IIb	III	IV	V	VI	VIIa	VIIb	VIII	IX
$\eta_l = 0{,}912$	0,897	0,897	0,888	0,911	0,905	0,894	0,904	0,904	0,878	0,818

Das sind Werte, die mit den von Münzinger mittels Luftuhr an der kleineren Maschine mit höherer Umlaufzahl ermittelten Werten $\eta_e = 0{,}865$ bis 0,885 ganz gut übereinstimmen[1]).

Die Spannung p_0 am Ende der Verdichtung wurde aus dem Diagramm entnommen (Zeile 14); da das Oeffnen des Einblaseventiles vom Totpunkt nur ganz wenig abweicht, so konnte mit

$$T_0 = \frac{p_0\, V_c}{R_0\, G_1} \quad \ldots \ldots \ldots \ldots (15)$$

[1]) Auch mit den Ergebnissen der Formel »Hütte«, 21. Aufl. Bd. II S. 258 stimmen sie fast ganz genau überein.

die Temperatur T_0 am Ende der Verdichtung berechnet werden. Für R_0 ist die Gaskonstante für Luft genommen worden (Zeile 15 und 16).

Die spezifische Wärme c_{v0} der Ladung wurde mit den Zahlen von Dr. Langen ebenso wie für Luft angenommen.

$$c_{v0} = 0{,}155 + 0{,}000041\, T \text{ (Zeile 17)},$$

da der Einfluß der geringen Abgasbeimischung vernachlässigt werden kann.

Die Gaswärme am Ende der Verdichtung ergab sich aus

$$J_0 = G_1\,[0{,}155 + 0{,}0000205\,(T_0 + 273)]\,(T_0 - 273) \text{ (Zeile 18)} \quad . \quad (16).$$

Das Gewicht $G_{öl}$ des auf einen Viertakt entfallenden Treiböles ist unmittelbar durch den Versuch bestimmt (Zeile 11).

Das Gewicht G_l der Einblaseluft wurde in einigen Fällen durch Indizierung der Luftpumpe festgestellt, in anderen Fällen, wenn die Einrichtung dazu fehlte, ein Mittelwert $G_l = \frac{G_L}{25}$ angenommen (Zeile 12).

Das Gesamtgewicht nach dem Einblasen erhält man durch

$$G = G_1 + G_{öl} + G_l \text{ (Zeile 13)}.$$

Die durch Verbrennung der eingeblasenen Oelmenge freiwerdende Wärmemenge Q (Zeile 19) ergab sich aus

$$Q = G_{öl}\, H_u \quad . \quad . \quad . \quad . \quad . \quad . \quad . \quad . \quad . \quad . \quad (17),$$

worin H_u der untere Heizwert des Brennstoffes ist.

Die durch Einblaseluft und Treiböl zugeführte Gaswärme ist

$$i = (G_{öl} + G_l)\,[0{,}155 + 0{,}0000205\,(T' + 273)]\,(T' - 273) \quad . \quad . \quad (18),$$

worin T' die Temperatur im Zerstäuber und ferner angenommen ist, daß das Treiböl, das ja teilweise dampfförmig ist, dieselbe spezifische Wärme wie Luft hat. Nach Versuchen von Rieppel kann $T' = 350^0$ abs. gesetzt werden (Zeile 20).

Die Arbeit, die durch das Einblasen geleistet wird, ist berechnet unter der Annahme, daß das Einblasen unter gleichbleibendem Druck p_0 erfolgt. Die Arbeit ist dann

$$a = p_0\, V' \text{ mkg},$$

worin V' das Volumen von Einblaseluft und Oeldampf bei der Spannung p_0 ist. Da bei dem verhältnismäßig kleinen Druckgefälle von 55 bis 60 kg/qcm im Zerstäuber auf 32 bis 36 kg/qcm im Ventilkopf sich die Temperatur der Einblaseluft beim Durchströmen durch die Düse nur wenig ändert, so kann angenähert gesetzt werden

$$a = p_0\, V' = (G_{öl} + G_l)\, R\, T' \text{ in mkg} \quad . \quad . \quad . \quad . \quad . \quad . \quad (19),$$

wenn man wieder voraussetzt, daß der Oeldampf die Gaskonstante R hat,

$$a = \frac{(G_{öl} + G_l)\, R_0\, T'}{427} \text{ WE (Zeile 21)} \quad . \quad . \quad . \quad . \quad . \quad . \quad (20).$$

Aus der chemischen Zusammensetzung der Treiböle, dem zugeführten Treibölgewicht $G_{öl}$ und der vorhandenen Luftmenge $G_L + G_l$ konnte die chemische Zusammensetzung der Abgase berechnet werden (Zeile 22 bis 25). Dann ergab sich mit

$$R_N = 30{,}2,$$
$$R_O = 26{,}5,$$
$$R_{CO_2} = 19{,}25,$$
$$R_{H_2O} = 47{,}00$$

die Gaskonstante R_{18} für das Abgas (Zeile 26). Ferner fand man mit

$$c_{vN} = 0{,}159 + 0{,}000043\ T,$$
$$c_{vO} = 0{,}140 + 0{,}000037\ T,$$
$$c_{vCO_2} = 0{,}120 + 0{,}000118\ T,$$
$$c_{vH_2O} = 0{,}263 + 0{,}000239\ T$$

(siehe Schöttler, Die Gasmaschine, 5. Aufl. S. 339) die Werte für c_{v18} für das Abgas am Ende der Ausdehnung (Zeile 27).

Die Spannung bei Oeffnung des Auslaßventiles, die bei manchen Maschinen bei Ordinate 18, bei anderen bei Ordinate 19 erfolgt, wurde dem Diagramm entnommen (Zeile 28).

Die Temperatur am Ende der Ausdehnung war

$$T_{18} = \frac{p_{18}\,V_{18}}{G\,R_{18}} \text{ (Zeile 29)} \quad \ldots\ldots\ldots \quad (21),$$

oder

$$T_{19} = \frac{p_{19}\,V_{19}}{G\,R_{19}} \text{ (Zeile 29)}$$

und die Gaswärme (Zeile 30)

$$J_{18} = G\left\{a + \frac{b}{2}\,(T_{18} + 273)\right\}(T_{18} - 273) \quad \ldots\ldots \quad (22)$$

oder

$$J_{19} = G\left\{a + \frac{b}{2}\,(T_{19} + 273)\right\}(T_{19} - 273),$$

worin a und b die Konstanten von c_{v18} oder c_{v19} (Zeile 27) sind.

Die Fläche A unter der Ausdehnungslinie von 0 bis 18 oder 19 wird durch Planimetrieren bestimmt (Zeile 31) und umgerechnet in WE mittels

$$A \text{ WE} = \frac{A \text{ qcm } 1000\ V}{427} \text{ (Zeile 32)} \quad \ldots\ldots \quad (23).$$

Damit sind sämtliche Werte der Gl. (2) bestimmt und die im Diagramm fehlende Wärmemenge kann berechnet werden:

$$q = J_0 + Q + i + a - A - J_{18} \text{ (Zeile 33)} \quad \ldots\ldots \quad (24)$$

oder

$$q = J_0 + Q + i + a - A - J_{19} \text{ (Zeile 33)}.$$

3) Vergleich der gefundenen Werte q.

Bildet man das Verhältnis der im Diagramm fehlenden Wärmemenge q zu dem Wärmewert Q des Treiböles, so ergibt sich:

Versuch	I	IIa	IIb	III	IV	V	VI	VIIa	VIIb	VIII
$\frac{q}{Q}$	0,128	0,105	0,132	0,137	0,100	0,059	0,080	0,097	0,067	0,090

Es zeigen sich also ganz erhebliche Unterschiede, und es ist zu prüfen, ob diese Unterschiede in den Eigenschaften der Maschinen und in den Versuchsbedingungen ausreichend begründet sind.

Zunächst ist sicher, daß unter sonst gleichen Verhältnissen aus dem Zylinder um so mehr Wärme an das Kühlwasser übergeht, je größer die kühlende Oberfläche im Verhältnis zum Inhalt ist. Unter der vereinfachenden Annahme, daß die Ventilkegel und der Kolbenboden wassergekühlt sind (das trifft bei einigen

Maschinen mit Ausnahme der Einlaßkegel ja auch zu), ist die kühlende Oberfläche zu Beginn des Ausdehnungshubes $= 2\frac{D^2\pi}{4} + \frac{D\pi S}{\varepsilon - 1}$ und zu Ende des Hubes $S = 2\frac{D^2\pi}{4} + \left(\frac{1}{\varepsilon - 1} + 1\right)D\pi S = 2\frac{D^2\pi}{4} + \frac{\varepsilon}{\varepsilon - 1}D\pi S$.

Im Mittel ergibt sich also bei Annahme unendlich großer Schubstangenlänge eine kühlende Oberfläche:

$$2\frac{D^2\pi}{4} + {}^1/_2\frac{\varepsilon + 1}{\varepsilon - 1}D\pi S.$$

Bei einem mittleren Wert $\varepsilon = 14{,}5$ ist die mittlere kühlende Oberfläche

$$2\frac{D^2\pi}{4} + 0{,}574\,D\pi S.$$

Der mittlere Inhalt ist

$$\frac{1}{\varepsilon - 1}\frac{D^2\pi}{4}S + {}^1/_2\frac{D^2\pi}{4}S = 0{,}574\frac{D^2\pi}{4}S.$$

Das Verhältnis $\frac{\text{mittlere Oberfläche}}{\text{mittlerer Inhalt}}$, das die Größe des Wärmeüberganges beeinflußt, ist also

$$\frac{2\frac{D^2\pi}{4} + 0{,}574\,D\pi S}{0{,}574\frac{D^2\pi}{4}S} = \frac{3{,}48}{S} + \frac{4}{D}.$$

Ferner ist unter sonst gleichen Verhältnissen der Wärmeübergang um so größer, je kleiner die Umlaufzahl ist; dies geht auch aus den Versuchen von Eberle hervor (Zeitschrift des Vereines deutscher Ingenieure 1908 S. 180), wo Versuch 1 und 3 etwa mit demselben Mitteldruck, also denselben Temperaturen, durchgeführt sind und $0{,}343\,Q$ bei $n = 256{,}8$, aber nur $0{,}318\,Q$ bei $n = 402{,}4$ an das Kühlwasser übergehen. Dieselbe Erscheinung bestätigt Seiliger (Z. d. V. d. I. 1911 S. 590); er findet $0{,}26\,Q$ bei $n = 240{,}7$, aber nur $0{,}224\,Q$ bei $n = 300$ im Kühlwasser wieder, und zwar ebenfalls bei etwa gleichen Mitteldrücken.

Endlich ist die Belastung des Motors von Bedeutung; je größer sie ist, um so höher werden die Temperaturen, und da der Wärmeübergang jedenfalls rascher als im geraden Verhältnisse der Temperaturen wächst, so muß das Verhältnis $\frac{q}{Q}$ mit der Belastung wachsen. Man kann nun einen Belastungsfaktor bilden, indem man die Wärmemenge Q auf den Hubraum bezieht, also

$$\frac{Q}{\frac{D^2\pi}{4}S}.$$

Nach diesen Ueberlegungen ist also anzunehmen, daß $\frac{q}{Q}$ wächst mit

$$\left(\frac{3{,}48}{S} + \frac{4}{D}\right)\frac{1}{n}\frac{Q}{\frac{D^2\pi}{4}S} = \left(\frac{3{,}48}{S} + \frac{4}{D}\right)\frac{1}{n}\frac{Q}{V}.$$

Diese Zahl kann man als »Versuchskennziffer« bezeichnen.

Es entsteht dann, nach der Größe der Kennziffer K geordnet, folgende Tafel:

Versuch	V	VII b	VI	VII a	VIII	IV	II a	III	II b	I
Kennziffer K	17,4	19,4	24,5	28,1	31,1	31,6	35,1	39,2	42,8	43,0
$q : Q$	0,059	0,067	0,080	0,097	0,090	0,100	0,105	0,137	0,132	0,128
$1000\frac{q : Q}{K}$	3,39	3,45	3,27	3,45	2,90	3,17	3,00	3,50	3,09	2,98

Im allgemeinen ergibt sich daraus, daß $\frac{q}{Q}$ mit der Kennziffer tatsächlich wächst. Daß das Verhältnis $1000\,\frac{q:Q}{K}$ keine Konstante ist, erklärt sich daraus, daß die Einflüsse nicht alle, wie angenommen, einfach in der ersten Potenz wirken, dann aber auch daraus, daß noch andere Einflüsse vorhanden sind. In erster Linie kommt hier in Betracht, daß je nach der Schnelligkeit der Verbrennung der Temperaturverlauf anders ist. Seine Wirkung auf die Kühlung ist so zu beurteilen: Verläuft die Verbrennung schnell, so steigt die Temperatur rasch, fällt dann aber auch rasch, so daß die höchsten Temperaturen eintreten, wenn kleine kühlende Oberflächen vorhanden sind; die Folge wird ein kleines $\frac{q}{Q}$ sein; bei langsamer Verbrennung sind jedoch die Temperaturen im 2. Teile des Hubes, wo die Oberflächen groß sind, hoch, was ein großes $\frac{q}{Q}$ veranlaßt. Aus Abb. 13 ist zu sehen, daß bei den Versuchen IIb, VIII, IIa und I die Temperatur-

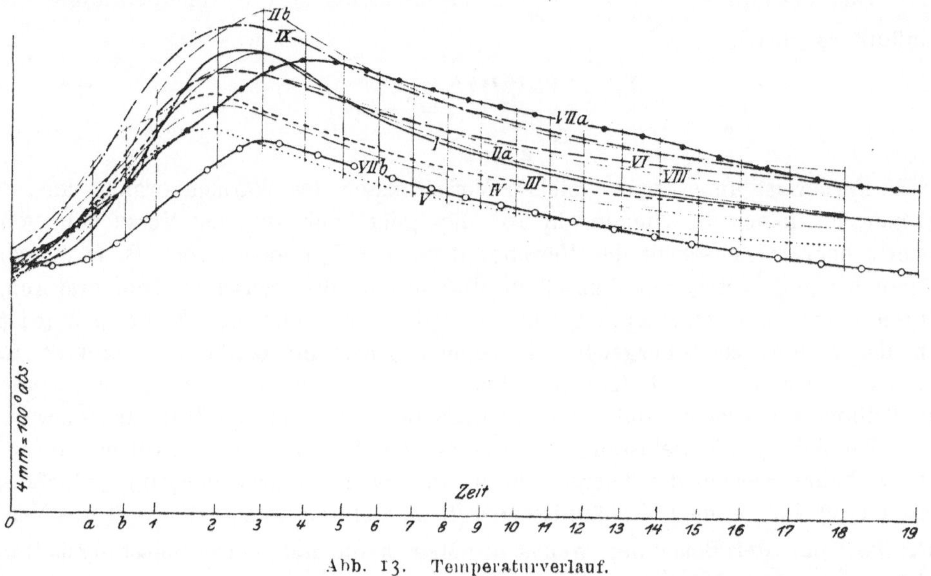

Abb. 13. Temperaturverlauf.

Kurve steil abfällt; dementsprechend ist $1000\,\frac{q:Q}{K}$ klein. Bei VI, III, IV und V fällt die Kurve langsamer, daher ist $1000\,\frac{q:Q}{K}$ größer; bei VIIa und VIIb endlich ist die Temperaturentwicklung zuerst sehr mangelhaft, so daß im weiteren Verlauf die Kurve im ganzen zu hoch liegt, dementsprechend ist $1000\,\frac{q:Q}{K}$ auch recht groß.

Endlich muß auch noch von Einfluß sein, wenn die Verbrennung unvollständig ist, da dann q nicht allein den Kühlverlust, sondern auch den Verlust durch unverbranntes Oel enthält. Dieses wird im nächsten Abschnitt untersucht.

Jedenfalls läßt sich schon an Hand der kleinen Zahlentafel auf Seite 30 behaupten, daß die gefundenen Werte q den verschiedenen Eigenschaften der Maschinen und den besonderen Bedingungen, unter denen die Versuche vorgenommen wurden, im großen und ganzen entsprechen und daß daher die Angaben der Indikatordiagramme Vertrauen verdienen.

Ob, was weiter zu prüfen wäre, diese Verluste q in Einklang zu bringen sind mit den bekannten Wärmebilanzen, kann an dieser Stelle noch nicht entschieden werden; dazu muß erst die Art des Wärmeüberganges bekannt sein.

E) Untersuchung durch die Wärmediagramme.

Bevor näher auf die Größe der Wärmeverluste q eingegangen werden kann, ist zu prüfen, ob der Fall der Gl. (2) oder der der Gl. (3) Seite 5 vorliegt, ob also die im Diagramm fehlende Wärmemenge q lediglich an die Kühlung abgegeben ist, oder ob auch unverbrannte Reste des Treiböles mit den Abgasen den Zylinder verlassen haben. Dies kann durch die Abbildung der Ausdehnungslinie bestimmt werden.

Aus der bekannten Beziehung

$$d\,Q = c_v\,G\,d\,T + A\,p\,d\,V\,,\ \text{ferner}\ c_v = a + b\,T$$

und der Erklärung des Begriffes »Wärmegewicht« $S = \int \frac{d\,Q}{A\,T}$ erhält man

$$S = \int \frac{a\,G\,d\,T}{A\,T} + \int \frac{b\,G}{A}\,d\,T + \int \frac{p\,d\,V}{T}\,,$$

$$\frac{p}{T} = \frac{G\,R}{V}\,,$$

$$S = \frac{a\,G}{A}\int \frac{d\,T}{T} + \frac{b\,G}{A}\int d\,T + G\,R\int \frac{d\,V}{V}\,,$$

$$S = \frac{a\,G}{A}\left\{\ln T + \frac{b}{a}\,T + \frac{R\,A}{a}\ln V\right\} + C = \frac{a\,G}{A}\left\{\ln T + \frac{b}{a}\,T + (k-1)\ln V\right\} + C\,,$$

wenn $c_v = a + b\,T$ und $c_p = k\,a + b\,T$ ist.

$$S = 427 \cdot 2{,}303\,a\,G\left\{\log T + \frac{b}{2{,}303\,a}\,T + (k-1)\log V\right\} + C$$

$$= 427 \cdot 2{,}303\,a\,G\left\{\log T\,V^{(k-1)} + \frac{b}{2{,}303\,a}\,T\right\} + C,$$

$$S = 427 \cdot 2{,}303\,a\,G\left\{\log \frac{p\,V}{G\,R}\,V^{(k-1)} + \frac{b}{2{,}303\,a}\,T\right\} + C$$

$$= 427 \cdot 2{,}303\,a\,G\left\{\log p + k\log V - \log G\,R + \frac{b}{2{,}303\,a}\,T\right\} + C.$$

Führt man als Grenzen $T_0 = 273^0$, $p_0 = 10\,000$ kg/qm und dementsprechend $V_0 = \frac{G\,R\,T_0}{p_0} = \frac{273\,G\,R}{10\,000}$ ein, so erhält man

$$S = 427 \cdot 2{,}303\,a\,G\left\{\log \frac{p}{10\,000} + k\log \frac{10\,000\,V}{273\,G\,R} + \frac{b}{2{,}303\,a}(T - 273)\right\} \quad . \ (25).$$

Infolge der Verbrennung, die die chemische Zusammensetzung der Ladung allmählich verändert, tritt auch im Verlaufe der Ausdehnung eine Veränderung von a, b, k und R auf und ferner als Folge des Einblasens eine Veränderung von G. Es ist nun zunächst angenommen worden, daß die Hauptmenge des Treiböles im Anfange des Hubes verbrennt und dementsprechend a, b, k und R sich ihrem Endwerte, der dem Abgas entspricht, schon stark nähern. Ferner ist für G angenommen, daß bei Ordinate 1 zwei Drittel der Einblaseluft und des Treiböles im Zylinder sind und bei Ordinate 2 die ganze Menge. Die Annahmen sind natürlich in gewissem Grade willkürlich, können aber vorläufig nicht gut anders gemacht werden.

Auf diese Weise sind mit Hilfe der Spannungen, Hubräume und Temperaturen an den einzelnen Teilpunkten, die den Zahlentafeln 12 bis 21, Spalte 1 bis 3 entnommen sind, die Zahlentafeln 2 bis 11, vorläufig nur mit Näherungswerten, aus Gl. (25) berechnet worden. Die Werte S der Wärmegewichte sind in den Abb. 14 bis 16 aufgetragen worden, wobei verschiedene Maßstäbe an-

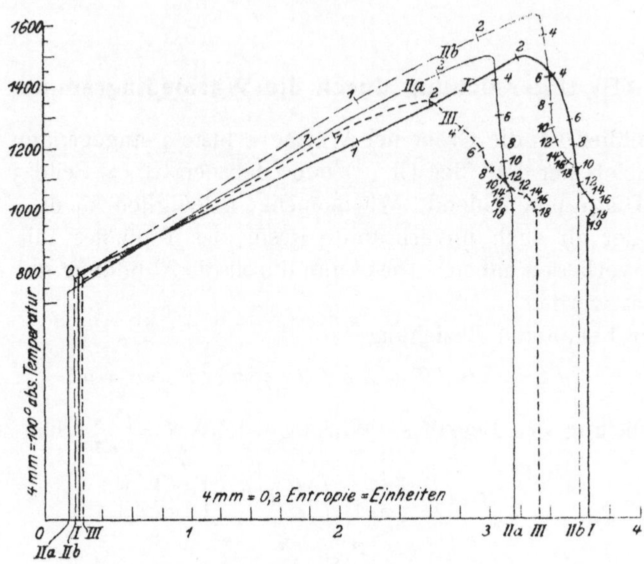

Abb. 14.

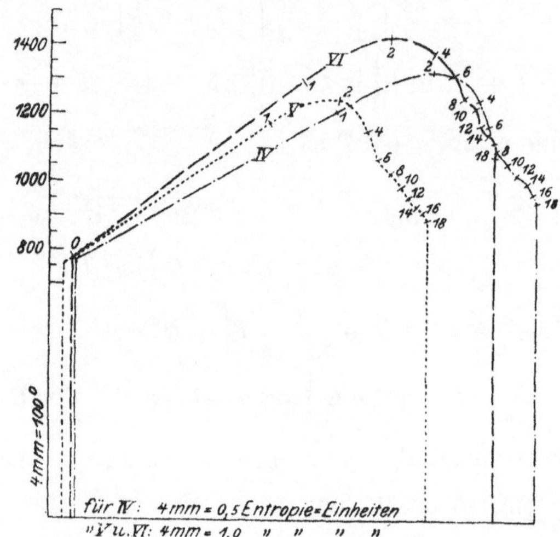

Abb. 15.

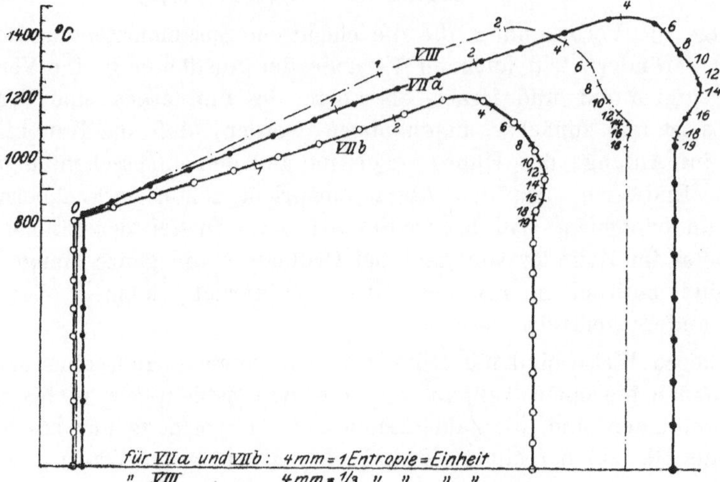

Abb. 16.

Abb. 14 bis 16. **Wärmegewichte.**

gewendet wurden. (Nach den späteren Ergebnissen bezüglich der Wärmeentwicklung sind dann die Werte *a*, *b*, *k* und ***R*** und damit auch ***S*** verbessert worden, sodaß die Zahlentafeln 2 bis 11 und die Kurven in den Abb. 14 bis 16 den tatsächlichen Verhältnissen entsprechen.)

Da die Fläche unter der Abbildung die Differenz der zu- und abgeführten Wärmemengen darstellt, so muß sie übereinstimmen mit dem Werte $Q - q$ des betreffenden Versuches. Im großen und ganzen ist auch eine befriedigende Uebereinstimmung zu verzeichnen; immerhin sind kleine Unterschiede (meist < 1 vH) vorhanden, die sich nicht beseitigen ließen. Es mag sein, daß sie herbeigeführt werden durch die kleinen Fehler, die beim Planimetrieren und der Berechnung der Größe ***S*** mittels der recht unhandlichen Gl. (25) gar nicht zu vermeiden sind; es mag aber auch sein, daß sich hier die Verbrennung des Schmieröles bemerkbar macht; da aber keine Unterlagen vorhanden sind, die einen Schluß erlauben, welcher Teil des Schmieröles im Zylinder verbrennt, so hat diese Frage, die ja auch die Verbrennung beeinflußt, überhaupt ausgeschieden werden müssen. Ebenso ist wegen der kleinen, aber immerhin vorhandenen Unterschiede darauf verzichtet worden, die Größe *q* aus den Wärmediagrammen abzuleiten, was ja recht umständlich, aber immerhin möglich gewesen wäre. Ich habe vielmehr die Diagramme nur dazu benutzt, die Wärmeentwicklung in den verschiedenen Maschinen miteinander zu vergleichen und das Ende der Verbrennung zu bestimmen.

Während die Abb. 14 bis 16 die Kurven genau maßstäblich, wenn auch in verschiedenen Maßstäben zeigen, enthält Abb. 17 die Kurven, sämtlich des Vergleiches halber bezogen auf 1 kg Gas. Zu dem Zweck sind alle Werte ***S***

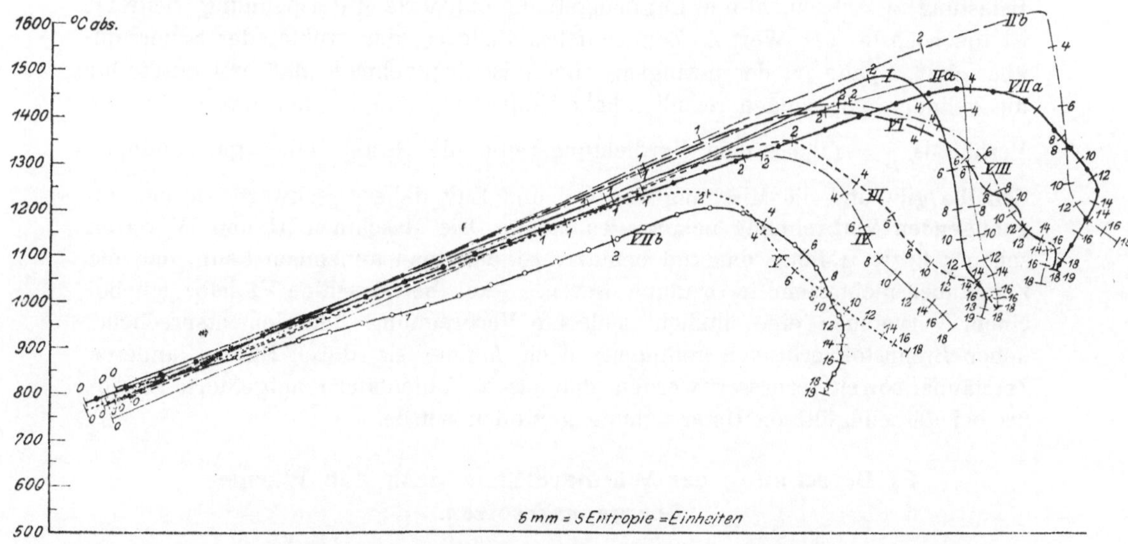

Abb. 17. Ausdehnungskurven, bezogen auf 1 kg Gas.

in den Zahlentafeln 2 bis 11 nochmals umgerechnet, indem in Gl. (25) statt des ersten Wertes *G* vor der Klammer der Wert 1 kg eingesetzt wurde. Natürlich ist dadurch, da *G* sich in Wirklichkeit ja etwas ändert und innerhalb der Klammer noch einmal vorkommt, eine kleine Verzerrung der Kurven herbeigeführt, so daß diese nicht mehr als maßstäblich betrachtet werden können. Da die Verzerrung aber in allen Kurven in ähnlicher Weise auftritt, so schadet sie dem Vergleiche nicht.

Man sieht in Abb. 17, daß die Kurven zunächst alle dicht neben einander verlaufen, mit Ausnahme von VII b, dem Versuche mit der geringsten Belastung, und zwar hält die Uebereinstimmung an bis in die Gegend zwischen Ordinate 1 und 2. Dann aber ergeben sich größere Unterschiede: bei I, IIa und IIb hält die kräftige Wärmezufuhr an bis weit über Ordinate 2 hinaus; dem entspricht darauf der steile Abfall der Kurve, ein Zeichen, daß dann nur noch verhältnismäßig kleine Reste des Brennstoffes vorhanden sind. Bei VIIa steigt die Kurve im ganzen flacher an, die Verbrennung setzt also nicht so kräftig ein, dafür ist die höchste Temperatur aber auch erst bei Ordinate 4 erreicht, und dann folgt wieder ein flacher Abfall, also ein Zeichen, daß hier noch größere Mengen Brennstoff verbrennen. Aehnlich ist VIIb. Die Kurven VI und VIII fallen fast zusammen; hier wird die Wärmeentwicklung also sehr ähnlich sein. Die Kurven III, IV und V erreichen ihren Höhepunkt bei Ordinate 2, haben dann aber einen wenig befriedigenden flachen Abfall.

Das Ende der Verbrennung ist besonders deutlich erkennbar an den Kurven VIIa bei Ordinate 13, VIIb bei 12, VIII bei 14; bei I und VI kehrt die Kurve erst bei Ordinate 16 um, und man könnte im Zweifel sein, ob hier die Verbrennung tatsächlich schon beendigt ist, oder ob nicht vielmehr nur die Wärmezufuhr durch Verbrennung kleiner ist als die Wärmeabfuhr durch Kühlung; noch deutlicher ist dieses bei IIa, wo kaum bei 18 der senkrechte Verlauf erreicht ist. Zweifellos nicht beendigt ist die Verbrennung bei IIb, III, IV und V. Bei allen diesen 4 Maschinen enthält also der Wert q auch den Wert q_r des unverbrannten Brennstoffes, der zum Auspuff hinausgeht.

Die Ursache für die mangelhafte Verbrennung ist bei IIb in der hohen Belastung zu suchen, also in Luftmangel; die indizierte Mittelspannung, Seite 11, ist die höchste, der Wert A, Zahlentafel 1, Zeile 31, der größte, der Sauerstoffüberschuß, Spalte 23, der geringste. Bei V ist anzunehmen, daß erstens die für die Zylinderabmessungen reichlich hohe Umlaufzahl und zweitens das ungünstige Verhältnis $\frac{S}{D} = 1$, das dem Verdichtungsraum die Gestalt einer ganz dünnen Scheibe gibt und die Mischung von Oel und Luft daher erschwert, zu der ungenügenden Verbrennung beigetragen haben. Die Maschinen III und IV waren schon 5 bezw. 4 Jahre dauernd benutzt, so daß man annehmen kann, daß die Zerstäuber nicht mehr in Ordnung waren. Auch bei Maschine VI habe ich bei einem Vorversuch eine ähnlich schlechte Verbrennung und dementsprechend hohen Brennstoffverbrauch gefunden; doch konnte sie durch Einbau anderer Zerstäuber soweit verbessert werden, daß das in Zahlentafel 1 aufgeführte Ergebnis bei der endgültigen Untersuchung gefunden wurde.

F) Berechnung der Wärmeverluste nach den Wärmeübergangsgesetzen.

Ueber den Wärmeübergang von Luft oder Heizgasen durch eine eiserne Wand an Wasser sind in letzter Zeit verschiedene Arbeiten veröffentlicht worden:

Dr. Reutlinger, Zeitschrift des Vereines deutscher Ingenieure	1910	S. 545
Dr. Wamsler » » » » »	1911	S. 630
Dr. Nusselt » » » » »	1909 1910	S. 1750 S. 1154
Holborn und Dittenberger daselbst	1900	S. 1724
Austin	1902	S. 1890

In einem Teil dieser Arbeiten ist nachgewiesen, daß die schon früher von Professor Nernst auf Grund eines Versuches an einer Bombe aufgestellte Behauptung, daß die Strahlung beim Wärmeübergang eine wichtige Rolle spielt, richtig ist, andere Arbeiten beschäftigen sich mit der Feststellung der Uebergangszahlen für Leitung und Berührung.

Im Folgenden ist nun versucht worden, die Ergebnisse dieser Arbeiten auf den Wärmeübergang im Dieselmotor anzuwenden, wobei dann zurückgegriffen ist auf das Verfahren, das Professor Eugen Meyer in Heft 8 der Forschungsarbeiten angibt.

1) Wärmeübergang durch Strahlung.

Reutlinger und Wamsler haben nachgewiesen, daß der durch Strahlung vermittelte Wärmeübergang von Luft an ein eisernes Rohr oder an eine eiserne Platte sich fast genau nach dem Stefan-Boltzmannschen Gesetz vollzieht und das Eisen sich dabei wie der absolut schwarze Körper verhält. Danach kann also der Wärmeübergang durch Strahlung an die Zylinderwand ausgedrückt werden durch

$$dq_1 = 4{,}6\left[\left(\frac{T}{100}\right)^4 - \left(\frac{T_i}{100}\right)^4\right] F dz \quad . \; . \; . \; . \; . \; . \; . \quad (26),$$

worin T die absolute Temperatur des Gases,
T_i die absolute Temperatur der inneren Wand,
F die Oberfläche der inneren Wand in qm,
z die Zeit in st bedeutet.

2) Wärmeübergang durch Leitung und Berührung.

Hier liegt die Sache verwickelter; es ist

$$dq_2 = \alpha\,(T - T_i)\, F dz \quad . \; . \; . \; . \; . \; . \; . \; . \; . \quad (27),$$

worin α die Wärmeübergangszahl ist. Diese ist keine feste Zahl, sondern veränderlich, und zwar ist nach Nusselt

$$\alpha = 15{,}9 \frac{\lambda_{\text{wand}}}{D^{0{,}214}} \left(\frac{w\,C}{\lambda}\right)^{0{,}786};$$

hiernach ist α abhängig von der mit der Temperatur veränderlichen Wärmeleitzahl λ_{wand} des Gases bei der Temperatur der Rohrwand, von dem Durchmesser D in m, von der Strömungsgeschwindigkeit des Gases w in m/sk, von der mit der Temperatur veränderlichen spezifischen Wärme C des Gases bei gleichbleibendem Druck für 1 cbm, und von der mit der Temperatur veränderlichen Wärmeleitzahl λ des Gases bei der Temperatur T.

Die Anwendung dieser Formel würde ganz außerordentlich umständlich sein, da für jeden Punkt der Ausdehnungslinie sich λ_{wand}, λ, C und w ändern, und dazu noch zu unsicheren Ergebnissen führen, weil über die Größe der Strömungsgeschwindigkeit w nichts bekannt ist. Wohl ist nicht daran zu zweifeln, daß zu Beginn des Hubes während des Einblasens sehr starke Wirbel das Gas an den Wandungen vorbeitreiben; wie groß aber die dabei entstehenden Geschwindigkeiten sind, ist ganz unsicher; sie werden je nach der Höhe des Einblasedruckes, der Menge des eingeblasenen Treiböles, der Form des Verdichtungsraumes und des Kolbenbodens sehr verschieden ausfallen können; sie werden auch in ganz unberechenbarer Weise beeinflußt durch die schnell wachsende Geschwindigkeit, mit der sich der Kolbenboden entfernt; ob und wann die Wirbel während des Ausdehnungshubes zur Ruhe kommen, entzieht sich vollkommen der Beurteilung. Schließlich erscheint es auch zweifelhaft, ob diese Formel, die an einem Rohr von nur 0,022 m lichter Weite abgeleitet ist, angewendet werden darf auf die Zylinderdurchmesser, die 10- bis 25 mal so groß sind.

Unter diesen Umständen bleibt nichts anderes übrig, als anzunehmen, daß α unveränderlich ist. Es ist dann noch zu prüfen, wie groß der damit gemachte Fehler im schlimmsten Falle sein kann.

Die Größe von α wird später bestimmt.

3) Wärmeübergang durch Strahlung und durch Leitung nebst Berührung.

Zusammen ergibt sich aus Gl. (26) und Gl. (27)

$$dq' = \left\{ 4{,}6 \left[\left(\frac{T}{100} \right)^4 - \left(\frac{T_i}{100} \right)^4 \right] + \alpha (T - T_i) \right\} F dz$$

$$q' = \int \left\{ 4{,}6 \left[\left(\frac{T}{100} \right)^4 - \left(\frac{T_i}{100} \right)^4 \right] + \alpha (T - T_i) \right\} F dz \quad . \quad . \quad . \quad (28).$$

Bei gleichbleibender Temperatur T, für 1 qm Oberfläche und die Zeit einer Stunde ist der Wärmeübergang

$$W = 4{,}6 \left[\left(\frac{T}{100} \right)^4 - \left(\frac{T_i}{100} \right)^4 \right] + \alpha (T - T_i) \quad . \quad . \quad . \quad . \quad . \quad (29)$$

in WE/qm st.

Die Innentemperatur T_i der Wand ist abhängig von der Temperatur T_w des Kühlwassers, der Dicke der Wand δ, dem Wärmeleitvermögen λ der Wand, dem Wert W und der Wärmeübergangszahl α_w von Eisen an Wasser.

$$T_i = T_w + W \left(\frac{\delta}{\lambda} + \frac{1}{\alpha_w} \right) \quad . \quad . \quad . \quad . \quad . \quad . \quad . \quad . \quad (30).$$

Reutlinger fand an einer wagerechten Fläche $\alpha_w = 1154$, Holborn und Dittenberger sowie Austin Werte zwischen $\alpha_w = 3000$ und $\alpha_w = 6000$ an senkrechten Flächen. Da es sich am Dieselmotor um teils senkrechte und teils wagerechte Flächen handelt, ist ein mittlerer Wert $\alpha_w = 3000$ zu wählen.

Die Dicke der Wand ist am kleinsten Motor $\delta = 0{,}03$ m, beim größten $\delta = 0{,}05$ m, im mittel also $\delta = 0{,}04$ m. Die Wärmeleitfähigkeit des Gußeisens ist $\lambda = 56{,}2$, folglich

$$\frac{\delta}{\lambda} + \frac{1}{\alpha_w} = \frac{0{,}04}{56{,}2} + \frac{1}{3000} = \infty\ 0{,}001 \text{ im mittel.}$$

$$T_i = T_w + 0{,}001\, W \quad . \quad . \quad . \quad . \quad . \quad . \quad . \quad . \quad (31).$$

Diesen Wert in Gl. (29) eingesetzt, erhält man

$$W = 4{,}6 \left[\left(\frac{T}{100} \right)^4 - \left(\frac{T_w + 0{,}001\, W}{100} \right)^4 \right] + \alpha (T - T_w - 0{,}001\, W)$$

oder etwas umgeformt

$$W = \frac{1}{1 + 0{,}001\, \alpha} \left\{ 4{,}6 \left[\left(\frac{T}{100} \right)^4 - \left(\frac{T_w + 0{,}001\, W}{100} \right)^4 \right] + \alpha (T - T_w) \right\} \quad . \quad (32).$$

Diese Gleichung wird für ein bestimmtes T und ein bestimmtes α bei gegebener Wassertemperatur T_w am einfachsten durch Probieren nach W gelöst.

Da T_w bei 10^0 C Eintritts- und 60^0 C Austrittstemperatur im Mittel mit 310^0 abs. angenommen werden kann, so handelt es sich nur noch um die Größe α. Reutlinger fand beim Wärmeübergang von ruhender Luft an Eisen $\alpha = \infty\ 20$. Da die Geschwindigkeiten im Zylinder wenigstens zu Anfang des Hubes recht erheblich sein müssen, so ist hier α entschieden größer zu wählen. Ich habe daher aus Gl. (32) die Werte von W zwischen den Temperaturen $T = 700^0$ und $T = 1600^0$, wie sie während des Ausdehnungshubes vorkommen, mit $\alpha = 25$, $\alpha = 30$ und $\alpha = 35$ berechnet. Es ergibt sich:

T	Werte von W bei		
	$\alpha = 25$	$\alpha = 30$	$\alpha = 35$
700	18 150	19 850	21 700
750	24 400	26 350	28 300
800	29 700	31 970	34 200
850	35 900	38 380	40 800
900	43 150	45 700	48 400
950	51 400	54 250	57 000
1000	60 800	63 900	66 900
1050	71 700	74 800	78 000
1100	83 800	87 200	90 600
1200	113 300	117 200	120 700
1300	150 300	154 400	158 400
1400	196 000	200 200	204 300
1500	252 000	256 000	260 600
1600	317 000	323 000	328 000

Diese Werte sind in Abb. 18 als Funktionen von T aufgetragen, wodurch drei Kurven entstanden, aus denen die Werte W für ein bestimmtes T einfach abgegriffen werden können.

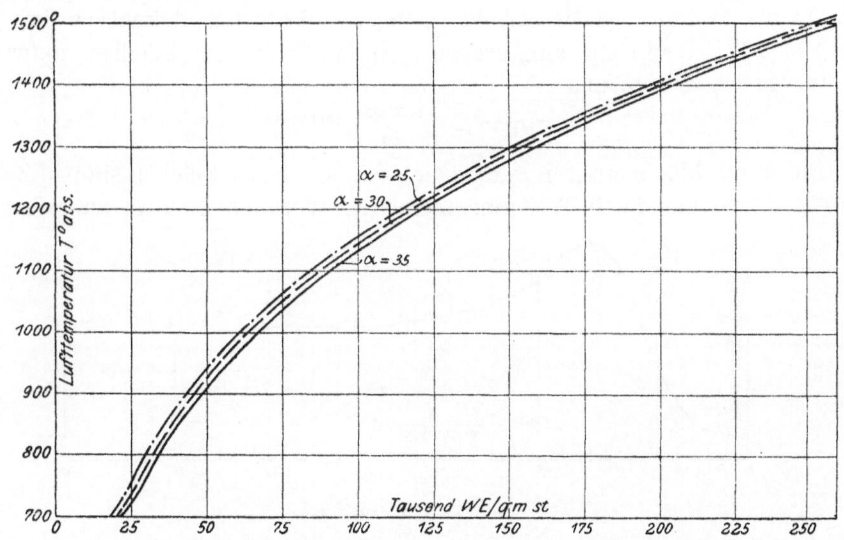

Abb. 18. Wärmedurchgang durch eine 4 mm starke Eisenplatte von T^0 an Wasser von 310^0 abs. bei $\alpha = 25$, $\alpha = 30$ und $\alpha = 35$.

4) Anwendung auf die Versuche.

Die Gl. (28) läßt sich abgekürzt schreiben:

$$q' = \int W F d z \quad \ldots\ldots\ldots\ldots \quad (33),$$

worin W die der jeweiligen Temperatur T entsprechende Wärmeübergangszahl in WE/qm st, F die jeweilige kühlende Oberfläche in qm und z die Zeit in st ist.

Für jeden beliebigen Punkt der Ausdehnungslinie, für den aus Spannung und Volumen die Temperatur T und aus den Zylinderabmessungen die kühlende

Oberfläche F berechnet werden kann, ist nun mit Hülfe der Abb. 18 das Produkt WF leicht zu bestimmen. Trägt man alle diese Produkte für eine Ausdehnungslinie als Ordinaten an den den Teilpunkten des Diagrammes entsprechenden Teilpunkten der Zeitachse auf, so erhält man eine Kurve, die ich kurz als »Kühlkurve« bezeichne. Die Fläche unter der Kühlkurve stellt das Integral $\int WF dz$ vor und kann durch Planmetrieren bestimmt werden. Für die Zeitachse habe ich durchweg den Maßstab

$$1 \text{ cm} = 10^0 \text{ Kurbelwinkel oder}$$

$$18 \text{ cm} = \text{Zeit eines Hubes} = \frac{1}{2 \cdot 60\, n} \text{ st}$$

gewählt und konnte die den Teilpunkten des Diagrammes entsprechenden Teilpunkte der Zeitachse aus der Zahlentafel der »Hütte« 21. Aufl. Bd. II S. 155 für ein Verhältnis Kurbelarm : Schubstangenlänge = 1 : 5 einfach entnehmen.

Dieses Verfahren ist für verschiedene Versuche mit den 3 Werten α durchgeführt und gefunden, daß der Wert $q' = \int WF dz$, der sich mit $\alpha = 35$ ergibt, dem Wert q auf Zahlentafel 1 Zeile 33 am nächsten kommt.

Die Berechnung ergibt sich aus den Zahlentafeln 12 bis 21; die Größen W, Spalte 6 dieser Tafeln, sind aus Abb. 18 für $\alpha = 35$ abgegriffen, die Werte F in Spalte 5 aus den Abmessungen der Maschinen unter der vereinfachenden Annahme berechnet, daß Kolbenboden und Ventilkegel wassergekühlt und der Verdichtungsraum rein zylindrisch ist, und die Produkte FW, Spalte 7 der Zahlentafeln 12 bis 21, sind in den Abb. 19 bis 26 über den Zeitachsen im Maßstabe 10000 WE/st = 1 cm aufgetragen. Als Maßstab der Flächen unter den Kühlkurven ergab sich nun

$$1 \text{ qcm} = \frac{10000}{18 \cdot 120\, n} \text{ WE.}^{1)}$$

Die durch Planimetrieren gefundenen Größen dieser Flächen sind in Zahlentafel 1 Zeile 34 und die in WE umgerechneten Werte in Zeile 35 aufgeführt.

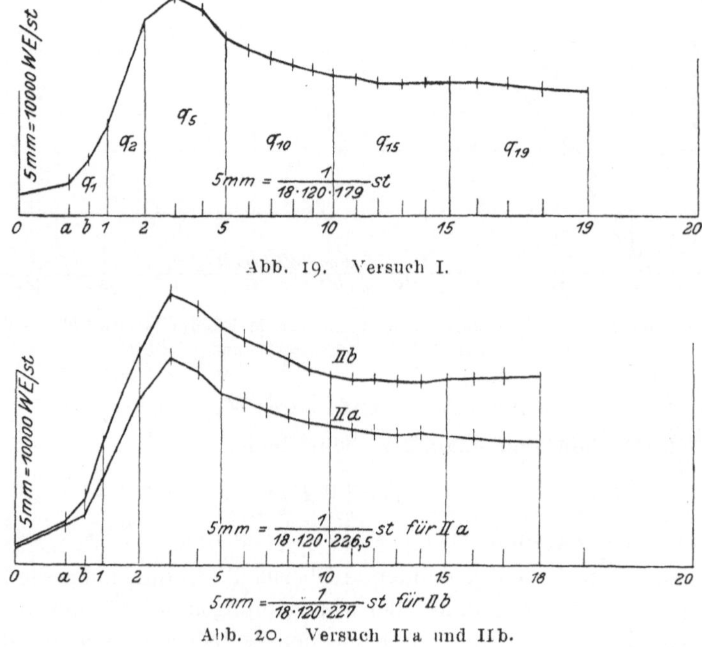

Abb. 19. Versuch I.

Abb. 20. Versuch IIa und IIb.

---

1) s. Fußnote S. 10.

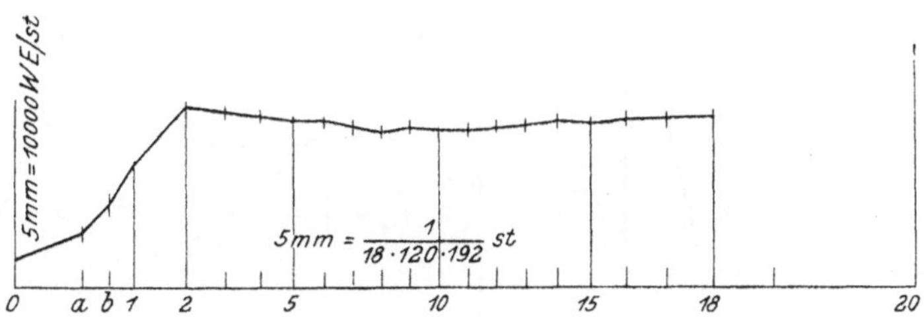

Abb. 21. Versuch III.

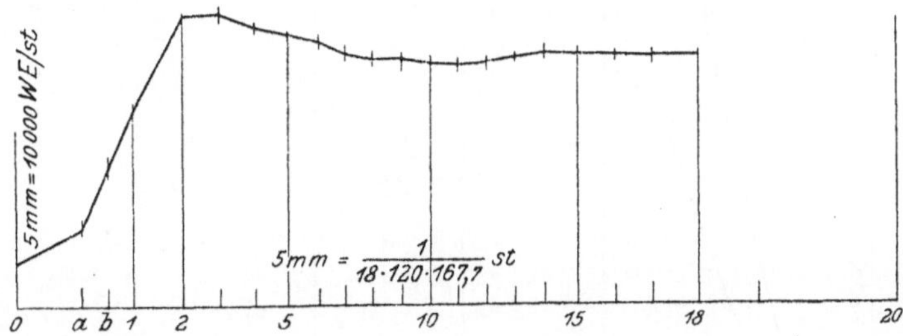

Abb. 22. Versuch IV.

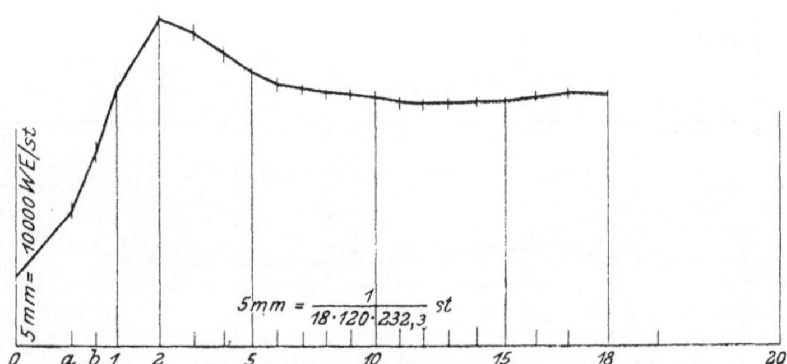

Abb. 23. Versuch V.

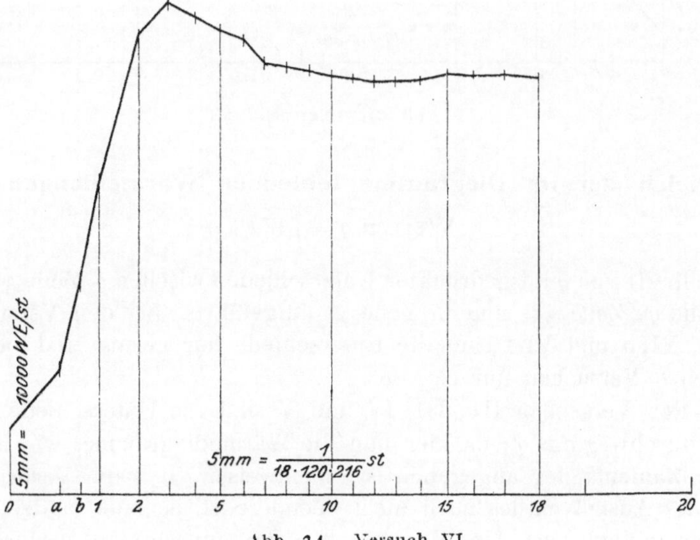

Abb. 24. Versuch VI.

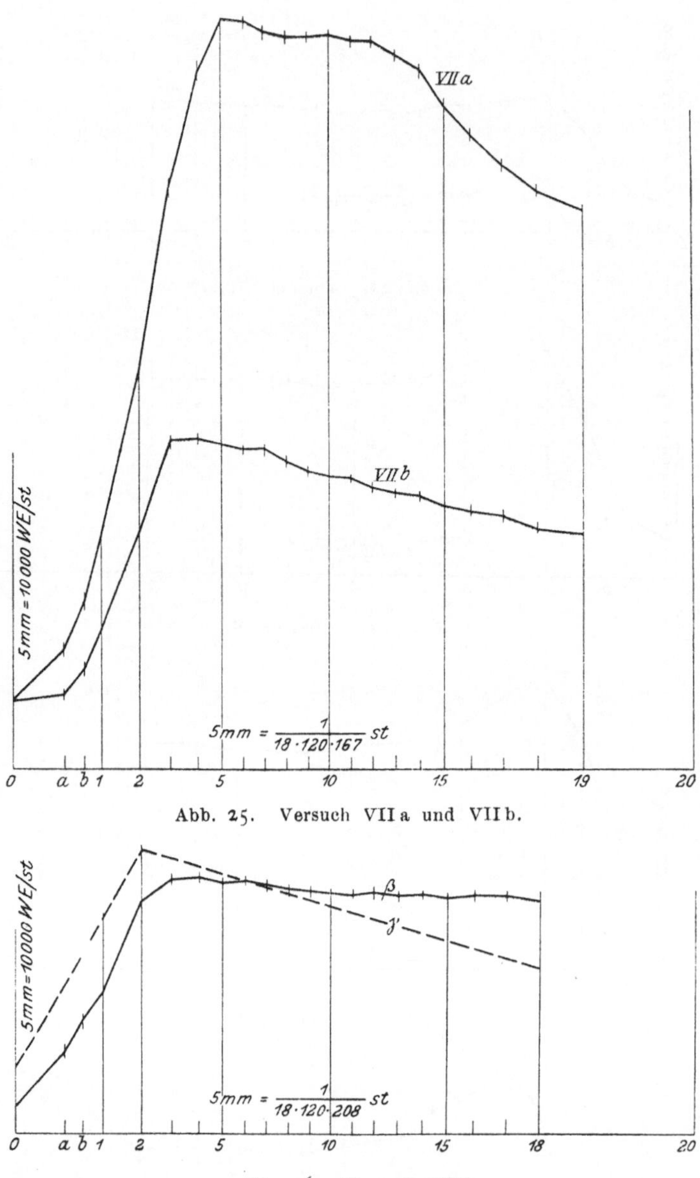

Abb. 25. Versuch VIIa und VIIb.

Abb. 26. Versuch VIII.

G) Vergleich der im Diagramme fehlenden Wärmemengen q mit den Werten $q' = \int W F dz$.

Die in vH von q ausgedrückten Unterschiede zwischen q, Zeile 33 der Zahlentafel 1, und q', Zeile 35, sind in Zeile 36 aufgeführt. Bei den Versuchen I, IIa, VI, VIIa, VIIb und VIII sind die Unterschiede nur gering und betragen i. M. bei diesen 6 Versuchen nur 0,017 q.

Bei den Versuchen IIb, III, IV und V sind die Unterschiede größer, und zwar ist durchweg $q > q'$; da hier nun die Wärmediagramme, wie in der letzten Zeile der Zahlentafel 1 angegeben ist, nachweisen, daß die Verbrennung beim Oeffnen des Auslaßventiles noch nicht beendigt ist, so muß ja der Wert q auch neben dem Kühlverlust den Wärmewert q_r des unverbrannt verloren gehenden

Treiböles mit enthalten, muß also größer sein als q'. Die Wärmediagramme bestätigen also die Wahrscheinlichkeit der gefundenen Werte.

Wenn auf Grund der zuerst genannten sechs Versuche angenommen wird, daß q durch q' ersetzt werden darf, so läßt sich bei den Versuchen IIb, III, IV und V q_r berechnen aus $q - q'$. Es ergibt sich:

	IIb	III	IV	V
q_r WE	0,195	0,312	0,254	0,174
$\frac{q_r}{Q}$	0,018	0,034	0,013	0,006

Die Verluste durch unvollständige Verbrennung sind also nicht allzu erheblich, können jedoch im thermischen und wirtschaftlichen Wirkungsgrad immerhin schon bemerkt werden.

H) Vergleich der gefundenen Kühlverluste mit der Wärmebilanz.

Es ist noch zu prüfen, ob die gefundenen Werte des Kühlverlustes mit den bekannten Wärmebilanzen in Einklang zu bringen sind. Aus den von Güldner mitgeteilten Versuchsergebnissen an Maschinen verschiedener Fabriken läßt sich ein Mittelwert der vom Kühlwasser aufgenommenen Wärmemenge von 0,27 Q berechnen. Darin ist enthalten der Wärmeübergang am Arbeitzylinder, der sich zusammensetzt aus dem Wärmeverlust der Ladung und der Wärme, die durch Reibung des Kolbens im Zylinder entsteht, ferner ist enthalten die Wärme, die am Luftpumpenzylinder, und schließlich diejenige, die an den meist gekühlten Auspuffkrümmern übergeht.

Ich habe nun an einer mittelgroßen Maschine, nämlich Maschine IV, mit Hilfe der Abb. 18 und der kühlenden Oberflächen den Wärmeübergang für einen vollen Viertakt berechnet. Für alle Takte ist $\alpha = 35$ angenommen, wenn auch anzunehmen ist, daß zu Beginn des Auspuffs infolge der gewaltigen Strömungsgeschwindigkeiten der Wärmeübergang größer sein wird; anderseits wird während des Verdichtungshubes α kleiner sein. Dabei sind die Temperaturen während der Verdichtung aus dem Diagramm entnommen und für den Auspuffhub von Ordinate 18 an, wo die Spannung etwa die Atmosphäre erreicht, 750° abs. angenommen. Der Ansaugehub ist vernachlässigt, weil erhebliche Wärmemengen dabei kaum ausgetauscht werden. Daraus hat sich die Kühlkurve Abb. 27 ergeben, in der für die Höhe wieder 1 cm = 10000 WE/st und für die Länge 6 cm = Zeit eines Hubes = $\frac{1}{120 \cdot 167{,}7}$ st darstellen. Die Linie von Beginn

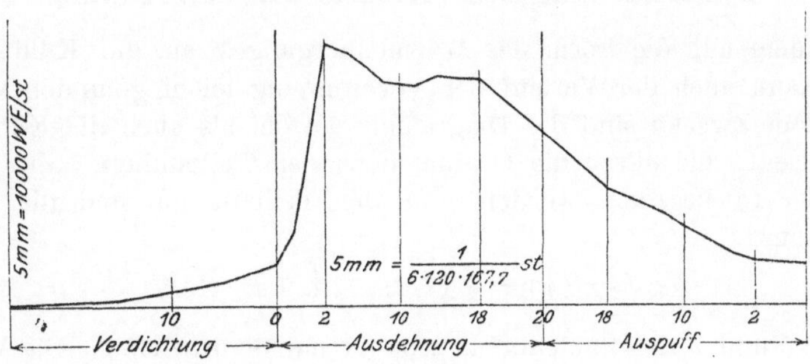

Abb. 27. Verlust durch Kühlung bei Maschine IV.

des Auspuffes, Ordinate 18 beim Abwärtshub, bis zur selben Kolbenstellung beim Aufwärts-(Auspuff-)hub entzieht sich der Berechnung, da der Temperaturverlauf unbekannt ist; sie ist daher als Gerade gezogen.

Die Größe der Fläche unter der Kühlkurve, Abb. 27, ist 40 qcm = 3,31 WE.

Nach einem von Münzinger (a. a. O. Seite 14) gemachten Versuch hat sich der gesamte Mehraufwand an Arbeit, der zum Treiben des Motors bei kaltem Kühlwasser gegenüber warmem Kühlwasser erforderlich war, im Kühlwasser in Form von Wärme nachweisen lassen. Daraus ist zu schließen, daß die durch die Reibung des Kolbens und der Ringe entstehende Wärme vollständig an das Kühlwasser übergeht. Berechnet man nun aus dem Normaldruck, den der Kolben auf den Zylinder ausübt, und aus einem Flächendruck von 0,375 kg/qcm, den sechs Kolbenringe von 0,9 cm Breite ausüben, mit Hilfe einer Reibungszahl 0,15 die durch Reibung entstehende Wärme, so erhält man für einen Viertakt 0,61 WE, die an das Kühlwasser übergehen.

Der Auspuffkrümmer, der dauernd mit Gas von 750° angefüllt ist, führt 0,8 WE in der Zeit eines Viertaktes an das Kühlwasser ab.

Da endlich nach den von Güldner mitgeteilten Wärmeverteilungsplänen 0,03 Q durch die Luftpumpe an das Kühlwasser gehen, so ergibt sich in diesem Falle insgesamt:

Wärme vom Gas im Zylinder	3,31 WE
» durch Reibung	0,61 »
» vom Auspuffkrümmer	0,80 »
» von der Luftpumpe	0,60 »
	5,32 WE.

Da Q in diesem Falle 19,85 WE ist, so findet man im Kühlwasser nach dieser Berechnung 0,268 Q wieder, eine Zahl, die mit der oben angegebenen mittleren Zahl fast genau übereinstimmt.

Bei kleinen Maschinen ist der Auspuffkrümmer nicht gekühlt, dafür aber die aus der Ladung im Arbeitzylinder abgeführte Wärmemenge größer; bei großen Maschinen ist diese letztere kleiner, aber die Auspuffrohre sind gekühlt, ebenso die Auspuffventile, so daß in jedem Falle eine dem Mittelwert 0,27 Q ähnliche Zahl erreicht wird.

Da somit die Wärmeverluste den besonderen Eigenarten der Maschinen entsprechen (Kapitel D, Seite 18), mit einer nicht unwahrscheinlichen Zahl $\alpha = 35$ aus den Wärmeübergangsgesetzen berechnet werden können und schließlich auch den Wärmebilanzen entsprechen, so ist die Sicherheit, daß der Wärmeübergang sich in der geschilderten Weise vollzieht, nicht gering.

J) Feststellung des Verlaufes der Verbrennung.

Nachdem nun die Form des Wärmeüberganges an die Kühlung klargestellt ist, kann auch der Verlauf der Verbrennung leicht gefunden werden.

Zu dem Zwecke sind die Diagramme sowohl als auch die Kühlkurven in 6 Teile zerlegt, die durch die Ordinaten an den Teilpunkten 0, 1, 2, 5, 10, 15 und 18 oder 19 begrenzt werden. An den Teilpunkten sind die Gaswärmen berechnet aus

$$J = G\left\{a + \frac{b}{2}(T + 273)\right\}(T - 273),$$

worin G, a, b und T den Zahlentafeln 2 bis 11 entnommen sind. Die Werte von J befinden sich in der Zahlentafel 22 Zeile 1 bis 7.

Dann sind die Flächen unter der Ausdehnungslinie zwischen den Ordinaten 0 und 1, 1 und 2, 2 und 5, 5 und 10, 10 und 15, sowie 15 und 18 (oder 19) planimetriert und daraus die entsprechenden Wärmewerte A_1, A_2, A_5, A_{10}, A_{15} und A_{18} (oder A_{19}), Zahlentafel 22 Zeile 9 bis 14, berechnet. Selbstverständlich ist $A_1 + A_2 + A_5 + A_{10} + A_{15} + A_{18} = A$, so daß der Wert der Zeile 15, Zahlentafel 22, übereinstimmt mit Zeile 32, Tafel 1.

Ebenso sind die entsprechenden Flächen unter den Kühlkurven planimetriert. Der Maßstab für die Umrechnung in WE ist hier nun so gebildet, daß die ganze Fläche unter der Kühlkurve in den Fällen I, IIa, VI, VIIa, VIIb und VIII, wo eine genügende Uebereinstimmung zwischen q und q' vorhanden war (Zahlentafel 1 Zeile 33 und 35), gleich dem Wert q gesetzt wurde. Dieser Maßstab weicht also ein wenig ab von dem unter der Kühlkurve verzeichneten. In den anderen Fällen IIb, III, IV und V, wo die Verbrennung noch nicht beendigt ist und der Wert q den unverbrannten Rest q_r mitenthält, ist eine kleine Abrundung von q', Tafel 1 Zeile 35, auf q'', Tafel 22 Zeile 22, nach oben vorgenommen und die ganze Fläche unter der Kühlkurve gleich diesem abgerundeten Wert q'' gesetzt. Danach sind nun die einzelnen Wärmemengen q_1, q_2, q_5, q_{10}, q_{15}, q_{18} oder q_{19} berechnet, die zwischen den Ordinaten 0 und 1, 1 und 2, 2 und 5, 5 und 10, 10 und 15 und 15 und 18 oder 19 an das Kühlwasser übergehen.

Jetzt sind aus der allgemeinen Gl. (4), Seite 5 die folgenden Beziehungen gebildet:

$$Q_1 = J_1 + A_1 + q_1 - J_0 - {}^2/_3\,(a + i) \quad \ldots\ldots \quad (34),$$

worin Q_1 die Wärmemenge ist, die zwischen 0 und 1 durch Verbrennung eines Teiles des Treiböles frei wird, und angenommen ist, daß bis zum Punkte 1 zwei Drittel der Einblaseluft und des Treiböles in den Zylinder gelangt sind (entsprechend Seite 17).

Da bei Ordinate 2 das Einblasen beendigt ist, so ergibt sich weiter

$$Q_2 = J_2 + A_2 + q_2 - J_1 - {}^1/_3\,(a + i) \quad \ldots\ldots \quad (35),$$

worin Q_2 die Wärmemenge ist, die zwischen 1 und 2 durch Verbrennung zugeführt wird.

Weiter ist

$$Q_5 = J_5 + A_5 + q_5 - J_2 \quad \ldots\ldots \quad (36),$$

$$Q_{10} = J_{10} + A_{10} + q_{10} - J_5 \quad \ldots\ldots \quad (37),$$

$$Q_{15} = J_{15} + A_{15} + q_{15} - J_{10} \quad \ldots\ldots \quad (38),$$

$$Q_{18} = J_{18} + A_{18} + q_{18} - J_{15} \quad \ldots\ldots \quad (39).$$

oder

$$Q_{19} = J_{19} + A_{19} + q_{19} - J_{15}.$$

Für die Berechnung der Werte J

$$J = G\left\{a + \frac{b}{2}(T + 275)\right\}(T - 273)$$

sind diejenigen Größen a und b zu benutzen, die sich aus der bis zu dem betreffenden Punkte verbrannten Oelmenge ergeben, z. B.

$$J_1 = (G_1 + {}^2/_3\,[G_{bl} + G_l])\left\{a + \frac{b}{2}(T_1 + 273)\right\}(T_1 - 273);$$

zwischen 0 und 1 sind durch Verbrennung erzeugt $Q_1 = 0{,}415\ Q$ WE. Im ganzen werden zugeführt Q WE, dabei ändert sich c_v von $0{,}155 + 0{,}000041$ T auf $0{,}1564 + 0{,}0000564\ T$. Also ergibt sich für Punkt 1 der Zuwachs von $a = 0{,}415\ (0{,}1564 - 0{,}155)$ und der von $b = 0{,}415\ (0{,}0000564 - 0{,}0000410)$.

Da man nun Q_1 aus Gl. (34) berechnen muß, in der J_1 vorkommt, so muß man die Werte a und b zunächst schätzen, J_1 ausrechnen, damit Q_1 bestimmen und nun prüfen, ob a und b richtig angenommen sind. Gegebenenfalls muß a, b und Q_1 verbessert werden. Sind bis Punkt 2 die Wärmemengen $Q_1 + Q_2 = 0{,}753\ Q$ zugeführt, so wird $a = 0{,}155 + 0{,}753\ (0{,}1564 - 0{,}1550)$ und $b = 0{,}000041 + 0{,}753\ (0{,}0000564 - 0{,}0000410)$ usw.

Mit den so endgültig gefundenen Werten a, b, k und R ist dann, wie schon auf Seite 17 und 19 erwähnt wurde, die Abbildung der Ausdehnungslinie verbessert. Die den einzelnen Teilpunkten entsprechenden richtigen Werte von a, b, k und R finden sich in den Zahlentafeln 2 bis 11.

Addiert man die rechten Seiten der Gl. (34) bis (39), so erhält man

$$J_{18} + (A_{18} + A_{15} + A_{10} + A_5 + A_2 + A_1) + (q_{18} + q_{15} + q_{10} + q_5 + q_2 + q_1)$$
$$- {}^2/_3\,(a + i) - {}^1/_3\,(a + i) - J_0 = J_{18} + A + q - (a + i) - J_0.$$

Dieses ist nach Gl. (2) der Wert von Q, so daß man also als Kontrolle für die Richtigkeit der berechneten Werte die Beziehung hat

$$Q_1 + Q_2 + Q_5 + Q_{10} + Q_{15} + Q_{18} = Q.$$

Ist jedoch, wie in den Fällen IIb, III, IV und V,

$$q_{18} + q_{15} + q_{10} + q_5 + q_2 + q_1 < q,$$

so ergibt natürlich die Summe der rechten Seiten der Gl. (34) bis (39) einen Wert $< Q$, wie das aus Zeile 29 Zahlentafel 22 verglichen mit Zeile 19 Tafel 1, hervorgeht.

Schließlich sind in Zeile 30 bis 35, Zahlentafel 22, die Werte von Q_1, Q_2 usw. in vH von Q ausgedrückt, und hier erhält man jetzt durch Vergleich der verschiedenen Versuche einen Maßstab für die Geschwindigkeit der Verbrennung, Abb. 28.

Bis Ordinate 1 verbrennen im allgemeinen 0,41 bis 0,51 des Treiböles, nur bei Maschine VII ist es erheblich weniger, was auf unzweckmäßige Ausbildung des Zerstäubers schließen läßt.

Bis Ordinate 2 sind verbrannt:

I	IIa	IIb	III	IV	V	VI	VIIa	VIIb	VIII
0,753	0,733	0,685	0,666	0,702	0,722	0,682	0,552	0,628	0,706 Q

Bei IIa ist die Belastung niedriger als bei IIb, ebenso bei VIIb niedriger als bei VIIa; daraus wäre also zu schließen, daß bei einer und derselben Maschine und derselben Umlaufzahl die Verbrennung um so rascher vor sich geht, je niedriger die Maschine belastet ist. (Allerdings weiß man nicht, inwiefern bei Maschine VII der Umstand mitgewirkt hat, daß bei VIIa Teeröl, bei VIIb aber Gasöl verbraucht wurde.) Man wird ein derartiges Ergebnis ja auch erwarten müssen, da beim Dieselmotor das Fortschreiten der Verbrennung nur davon abhängig ist, wie rasch die einzelnen Oelteilchen die zur Verbrennung erforderlichen Luftteilchen finden. Je größer der Luftüberschuß, also je geringer die Belastung ist, um so rascher muß dies gelingen. Die Verbesserung des thermischen Wirkungsgrades mit sinkender Belastung hängt auch mit dieser Erscheinung zusammen.

Bis Ordinate 5 sind verbrannt:

I	IIa	IIb	III	IV	V	VI	VIIa	VIIb	VIII
0,883	0,894	0,858	0,780	0,829	0,827	0,837	0,870	0,898	0,857

Hier haben VIIa und VIIb den Vorsprung der anderen eingeholt, während IIb, III, IV und V, also diejenigen mit unvollkommener Verbrennung nun zurückbleiben. Auch VI beendigt die Verbrennung erst unmittelbar vor Beginn des Auspuffes.

Bei Ordinate 10 ergibt sich:

I	IIa	IIb	III	IV	V	VI	VIIa	VIIb	VIII
0,920	0,936	0,891	0,864	0,898	0,913	0,929	0,966	0,977	0,930

Die Maschinen, die die Verbrennung nicht beendigen, sind schon deutlich zu erkennen; wenn die bis 10 verbrannte Oelmenge unter 0,92 liegt, so gelingt die vollständige Verbrennung nicht mehr.

Endlich ist bei Ordinate 15:

I	IIa	IIb	III	IV	V	VI	VIIa	VIIb	VIII
0,968	0,977	0,948	0,933	0,959	0,968	0,980	1,000	1,004	0,980

Das eben Gesagte gilt auch hier; die Zahl 1,004 ist natürlich auf einen Meßfehler zurückzuführen.

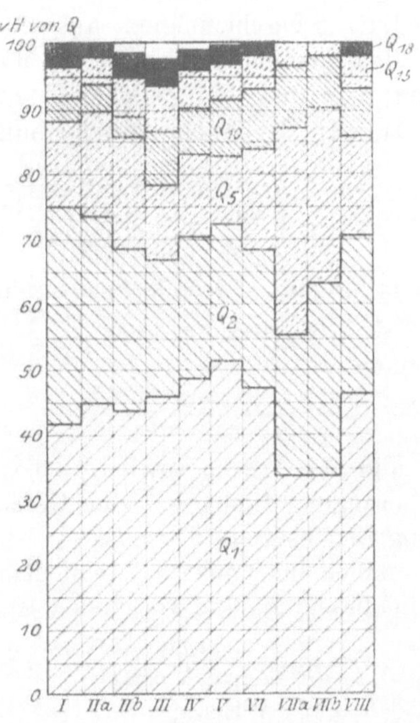

Abb. 28. Wärmeentwicklung, bezogen auf den Kolbenweg.

Die Zeile 35 Zahlentafel 22, gibt den Rest des Brennstoffes an, der von 15 bis zum Oeffnen des Auspuffes verbrennt; Zeile 36 die Summe der Spalten 30 bis 35, wobei die Zahlen unter 100 vH den mehr oder weniger richtigen Annahmen von q'' (s. S. 29) entsprechen.

Es ist noch zu prüfen, welchen Einfluß auf die Wärmeentwicklung der Umstand gehabt hat, daß entgegen der Wirklichkeit die Wärmeübergangzahl α

für den ganzen Ausdehnungshub als Konstante angenommen ist; es wäre möglich, daß bei richtiger Annahme mit einem veränderlichen α das Ergebnis wesentlich anders würde.

Ich benutze zu diesem Zweck die auf Seite 21 angegebene Formel von Nusselt

$$\alpha = 15,9 \frac{\lambda_{Wand}}{D^{0,214}} \left(\frac{wC}{\lambda}\right)^{0,786}$$

für die Teilpunkte 0 und 18 des Diagramms VIII.

Für Teilpunkt 0 ergibt sich aus der Zahlentafel »Hütte« 21. Aufl. Band I S. 405 bei einer Innentemperatur $T_i = T_w + 0,001\ W = 392^0$ abs. $= 119^0$ C:

$$\lambda_{Wand} = 0,024,$$

$$D^{0,214} = 0,32^{0,214} = 0,784,$$

$$c_p = 0,155 + \frac{29,3}{427} + 0,000041\ T_0,$$

$$T_0 = 795^0,$$

$$c_p = 0,256 \text{ für 1 kg Luft.}$$

1 cbm Luft wiegt bei 352400 kg/qm Spannung und $T_0 = 795^0$ 15,1 kg, also $C = 15,1\ c_p = 3,87$.

Bei $T_0 = 795^0$ abs. $= 522^0$ C ist nach der obigen Zahlentafel $\lambda = 0,041$.

Für die Gasgeschwindigkeit w sei angenommen, daß die ganze Geschwindigkeit der Einblaseluft und des Treiböles verwendet werde, um die im Ventilkopf befindliche ruhende Luft zu beschleunigen. Aus den bekannten Abmessungen der Einspritzdüsen und den bekannten Einblaseluft- und Oelmengen sowie aus der Einblasedauer kann man für die Zerstäuber eine Geschwindigkeitzahl $\varphi = 0,8$ i. M. ableiten. Dann ist die Einblasegeschwindigkeit zu bestimmen nach der Formel

$$w_0 = \varphi \sqrt{\frac{2\ g\ c_p}{Q}\ T\left[1 - \left(\frac{p_0}{p}\right)^{\frac{\varkappa - 1}{\varkappa}}\right]}.$$

Mit $T = 350^0$, $p_0 = 35$ kg/qcm, $p = 60$ kg/qcm erhält man

$$w_0 = \infty\ 250 \text{ m/sk.}$$

Aus der Stoßgleichung

$$w = \frac{(G_{öl} + G_l)\ w_0 + G_1\ 0}{G}$$

mit $G_{öl} + G_l = 0,004$ kg und $G_1 = 0,0559$ sowie $G = 0,0559 + 0,0040 = 0,0599$ kg ergibt sich dann nach erfolgtem Einblasen eine Geschwindigkeit des ganzen Inhaltes des Verbrennungsraumes $w = \infty$ 17 m/sk.

Damit kann denn endlich für Punkt 0, wenn man annimmt, daß die Geschwindigkeit w schon in diesem Punkte vorhanden ist, berechnet werden

$$\alpha = 15,9 \cdot \frac{0,024}{0,784} \left(\frac{17 \cdot 3,87}{0,041}\right)^{0,784};$$

$$\alpha = 161 \text{ WE/st qm } {}^0\text{C}.$$

Dann ist mit Hilfe der Gl. (32) S. 22 berechnet $W = 82000$ WE/qm st.

Auf Zahlentafel 21 wird dann

$$F\ W = 16900 \text{ WE/st.}$$

Für Teilpunkt 18 mit $p = 36400$ kg/qm und $T = 1045^0$ wird $c_p = 0,2847$ für 1 kg und $C = 0,339$ für 1 cbm Gas.

$$\lambda_{Wand} = 0,023 \text{ für } T_i = 365^0 \text{ abs.} = 92^0\ C.$$

$$\lambda = 0,051 \text{ für } T = 1045^0 \text{ abs.} = 772^0\ C.$$

Betreffs der Geschwindigkeit sei nun angenommen, daß die Wirbel ganz zur Ruhe gekommen sind und das Gas nur noch die Geschwindigkeit besitzt, die sich aus der Ausdehnung ergibt. Die Gasteile am Ventilkopfboden sind also in Ruhe, die am Kolbenboden bewegen sich mit der augenblicklichen Kolbengeschwindigkeit. Im Mittel kann man daher die halbe Kolbengeschwindigkeit ansetzen und erhält $w = 0{,}93$ m/sk.

Daraus ergibt sich

$$\alpha = 1{,}8 \text{ WE/qm st } ^0\text{C}.$$

Die Werte $\alpha = 161$ sind zwar unwahrscheinlich groß, $\alpha = 1{,}8$ unwahrscheinlich klein (Reutlinger fand für ruhende Luft $\alpha = 20$); sie mögen aber doch angewendet werden, weil der Unterschied gegen meine Annahme $\alpha = 35$ nur noch deutlicher wird. Es wird $W = 55000$ für Punkt 18 und $F\,W = 43\,200$ WE/st.

Mit diesen beiden Endordinaten 16900 und 43200 ist in Abb. 26 eine neue Kühlkurve γ punktiert eingezeichnet, die ähnlich wie die frühere Kurve β, und zwar so verläuft, daß die Fläche darunter ebenso groß ist, wie die unter der ersten Kurve. Bei allmählich abnehmender Gasgeschwindigkeit und dementsprechend allmählich abnehmendem α müßte eine Kurve entstehen, die etwa den Verlauf der punktierten haben würde.

Dann ist mit dieser Kurve genau so verfahren, wie mit der früheren; die einzelnen Werte q_1, q_2, q_5 usw. sind festgestellt, woraus sich folgende Abänderungen für Q_1, Q_2 usw. ergeben.

Kurve β	Kurve γ	Kurve β	Kurve γ
$q_1 = 0{,}110$	$q_1 = 0{,}186$	$Q_1 = 0{,}461 \cdot Q$	$Q_1 = 0{,}464 \cdot Q$
$q_2 = 0{,}111$	$q_2 = 0{,}141$	$Q_2 = 0{,}245 \cdot Q$	$Q_2 = 0{,}247 \cdot Q$
$q_5 = 0{,}303$	$q_5 = 0{,}327$	$Q_5 = 0{,}151 \cdot Q$	$Q_5 = 0{,}153 \cdot Q$
$q_{10} = 0{,}412$	$q_{10} = 0{,}396$	$Q_{10} = 0{,}073 \cdot Q$	$Q_{10} = 0{,}072 \cdot Q$
$q_{15} = 0{,}422$	$q_{15} = 0{,}382$	$Q_{15} = 0{,}050 \cdot Q$	$Q_{15} = 0{,}048 \cdot Q$
$q_{18} = 0{,}319$	$q_{18} = 0{,}245$	$Q_{18} = 0{,}020 \cdot Q$	$Q_{18} = 0{,}016 \cdot Q$

Man sieht also, daß, trotz der etwas unwahrscheinlichen Annahmen für die Veränderlichkeit von α das Endergebnis nur wenig, um Bruchteile von 1 vH, verändert wird. Das ist die Folge der Tatsache, daß bei den hohen Temperaturen im Dieselmotor während der längsten Zeit des Ausdehnungshubes der Wärmeübergang durch Strahlung den durch Leitung und Berührung wesentlich übersteigt. Deshalb ist der Fehler, der bei den kleineren Maschinen durch die Annahme wassergekühlter Kolben gemacht wurde, auch nur gering.

Will man aus den vorliegenden Versuchen einen Mittelwert bilden, so berücksichtigt man am besten nur I, IIa, VI und VIII, da IIb, III, IV und V unvollständige Verbrennung aufweisen und VIIa und VIIb, wohl infolge unzweckmäßiger Ausbildung des Zerstäubers, im ersten Teile des Hubes eine ungewöhnlich langsame Verbrennung zeigen. Aus den vier erstgenannten ergibt sich i. M.:

Q_1	Q_2	Q_5	Q_{10}	Q_{15}	Q_{18}
0,447	0,271	0,149	0,061	0,048	0,023

Berücksichtigt man nun, daß in Wirklichkeit infolge der Wirbelbildungen der Wärmeübergang im ersten Teile des Hubes größer, als bei meiner Berechnung angenommen, sein wird, so kann man bei voller oder annähernd voller Belastung mit folgender Wärmeentwicklung rechnen:

Q_1	Q_2	Q_5	Q_{10}	Q_{15}	Q_{18}
0,450	0,275	0,150	0,060	0,045	0,020

Bei geringerer Belastung ist im Anfang wahrscheinlich die Wärmeentwicklung rascher; zur endgültigen Lösung dieser Frage genügt aber das vorliegende Material nicht.

K) Trennung der Verluste durch verlangsamte Verbrennung und durch Kühlung.

Es soll noch untersucht werden, welchen Einfluß die langsam verlaufende Verbrennung und welchen Einfluß die Kühlung auf die Verringerung der Fläche des theoretischen Gleichdruckdiagrammes ausübt.

Zu dem Zwecke wird zunächst das theoretische Gleichdruckdiagramm ohne Kühlung, ausgehend vom Endpunkt der wirklichen Verdichtung, entworfen.

Zur Vereinfachung der Rechnung sei angenommen, daß unmittelbar nach dem Totpunkt die gesamte Einblaseluftmenge und das gesamte Treiböl bei gleichbleibendem Druck p_0 eingeführt wird, ohne daß zunächst die Verbrennung beginnt. Dann vergrößert sich das Gewicht der Ladung von G_l um $G_{öl} + G_l$ auf G kg, das Volumen von V_c auf V_b cbm, und die Temperatur sinkt von T_0 auf

$$T_b = \frac{(G_{öl} + G_l)\, T' + G_1 T_0}{G} \quad . \; . \; . \; . \; . \; . \; . \; . \; . \quad (40),$$

worin die Bezeichnungen der Gl. (18), S. 13, beibehalten sind und unveränderliche spezifische Wärme angenommen ist. (Der damit gemachte Fehler ist äußerst gering[1])). Der Rauminhalt der ganzen Ladung ist dann

$$V_b = \frac{G R T_b}{p_0} \quad . \; . \; . \; . \; . \; . \; . \; . \; . \; . \quad (41).$$

Jetzt wird unter Gleichdruck die ganze Wärmemenge Q durch Verbrennung zugeführt. Ist

J_b die Gaswärme vor der Verbrennung,

J_d die Gaswärme nach der Verbrennung,

A_d die Arbeit, die während der Verbrennung geleistet wird, in WE,

so ergibt sich

$$J_b + Q = J_d + A_d \quad . \; . \; . \; . \; . \; . \; . \; . \; . \quad (42),$$

$$J_b = G \left\{ a + \frac{b}{2} (T_b + 273) \right\} (T_b - 273) \quad . \; . \; . \; . \; . \quad (43),$$

mit $a = 0{,}155$ und $b = 0{,}000041$ für Luft,

$$J_d = G \left\{ a + \frac{b}{2} (T_d + 273) \right\} (T_d - 273) \quad . \; . \; . \; . \; . \quad (44),$$

mit a und b für Abgas,

$$A_d = \frac{p_0 (V_d - V_b)}{427} \quad . \; . \; . \; . \; . \; . \; . \; . \; . \quad (45).$$

[1]) Etwas genauer, aber sehr viel umständlicher ist statt Gl. (40) zu setzen

$$T_l = -\frac{a}{b} + \sqrt{\left(\frac{a}{b}\right)^2 + \frac{2}{b} \left\{ \frac{J_0 + a_1 + i}{G} + 273\, a \right\} + 273^2},$$

worin a_1 = Wert a in Zahlentafel 1, Zeile 21.

Gl. (44) und (45) in Gl. (42) eingesetzt und nach T_d aufgelöst, gibt

$$T_d = -\frac{ak}{b} + \sqrt{\left(\frac{ak}{b}\right)^2 + \frac{2}{b}\left(\frac{J_b + Q + \frac{p_0 V_b}{427}}{G} + 273\,a\right) + 273^2} \quad . \quad . \quad (46)$$

mit a und b für Abgas und $k = \frac{R_r}{427\,a} + 1$

$$V_b = \frac{G R_r T_d}{p_0} \quad . \quad . \quad . \quad . \quad . \quad . \quad . \quad . \quad . \quad . \quad . \quad (47).$$

Nun beginnt die Ausdehnung nach der Adiabate, wobei der Zustand eines beliebigen Punktes x bestimmt ist durch

$$\log T_x = \log T_d - (k - 1) \log \frac{V_x}{V_d} + \frac{b}{2{,}303\,a}(T_d - T_x) \quad . \quad . \quad . \quad (48)$$

und

$$p_x = \frac{G R_r T_x}{V_x} \quad . \quad . \quad . \quad . \quad . \quad . \quad . \quad . \quad . \quad . \quad . \quad (49).$$

Daraus kann T_x und p_x für beliebig viele Volumina V_x berechnet werden. Die Rechnung ist für Versuch I durchgeführt und ergab

$V_b = 0{,}02198$ cbm, $J_b = 3{,}16$ WE, $T_b = 777^0$, $V_d = 0{,}0499$ cbm, $T_d = 1768^0$,

ferner

Ordinate	theoretisches Gleichdruckdiagramm		wirkliches Diagramm	
	T ⁰ abs.	p kg/qm	T ⁰ abs.	p kg/qm
2	1757	358 000	1485	302 900
5	1475	160 400	1338	145 500
10	1245	76 200	1135	69 500
15	1113	47 300	1034	44 000
19	1039	35 500	965	33 000

Verlängert man die Adiabate des theoretischen Diagrammes und ebenso die Ausdehnungslinie des wirklichen bis zum Hubende und planimetriert die Flächen **a b d e a** und **a b e'' a** der Abb. 3, so erhält man 76,0 qcm und 64,7 qcm, also einen Völligkeitsgrad $\eta_v' = \frac{64{,}7}{76{,}0} = 0{,}851$ [1]). 0,149 der Fläche des theoretischen Diagrammes gehen durch verlangsamte Verbrennung und durch Kühlung verloren.

Jetzt wird das Diagramm aufgezeichnet, das entstehen würde, wenn der Brennstoff in der im vorigen Abschnitt festgestellten und auf Zahlentafel 22 verzeichneten Weise verbrennen würde und wenn keine Kühlungsverluste vorhanden wären.

Man macht dieselben Annahmen wie bei Gl. (40), nur daß hier nur die Hälfte der Einblaseluft und die des Treiböles, zusammen $G' = \frac{G_{öl} + G_l}{2}$, zu G_1 hinzugeführt wird.

$$T_b' = \frac{G_1 T_0 + G' T'}{G_1 + G'} \quad . \quad . \quad . \quad . \quad . \quad . \quad . \quad . \quad . \quad . \quad (50),$$

$$V_b' = \frac{(G_1 + G') R T_b'}{p_0} \quad . \quad . \quad . \quad . \quad . \quad . \quad . \quad . \quad . \quad (51),$$

$$J_b' = (G_1 + G')\left\{a + \frac{b}{2}(T_b' + 273)\right\}(T_b' - 273) \quad . \quad . \quad . \quad (52).$$

[1]) s. Fußnote S. 10.

Es wird

$T_b' = 791^0$, $G_1 + G' = 0{,}0344$ kg, $V_b' = 0{,}00216$, $a = 0{,}155$, $b = 0{,}000041$ für Luft, $J_b' = 3{,}155$.

Dann wird die Wärmemenge $Q_1 = 0{,}415\,Q$ durch Verbrennung bis zu Ordinate 1 zugeführt; für diesen Punkt ist

$$J_b' + Q_1 = J_1 + A_1 \quad \ldots \ldots \ldots \quad (53).$$

Nimmt man an, daß die entstehende Linie eine Gerade ist, so wird

$$A_1 = \frac{p_0 + p_1}{2} \frac{V_1 - V_b'}{427} \text{ WE} \quad \ldots \ldots \ldots \quad (54),$$

$$J_1 = (G_1 + G') \left\{ a + \frac{b}{2} (T_1 + 273) \right\} (T_1 - 273) \quad \ldots \ldots \quad (55),$$

worin nach Zahlentafel 2 $a = 0{,}1556$ und $b = 0{,}0000474$ ist.

In Gl. (53) die beiden Werte der Gl. (54) und (55) eingesetzt, ergibt

$$T_1 = -\frac{1}{b}\left(a + \frac{R}{2 \cdot 427} \frac{V_1 - V_b'}{V_1}\right) + \sqrt{\frac{1}{b^2}\left(a + \frac{R}{2 \cdot 427} \frac{V_1 - V_b'}{V_1}\right)^2 + \frac{2}{b}\left\{\frac{J_b' + Q_1 - \frac{p_0}{2 \cdot 427}(V_1 - V_b')}{G_1 + G'} + 273\,a\right\} + 273^2} \quad (56).$$

a und b sind die eben genannten Werte. $Q_1 = 4{,}413$ WE nach Zahlentafel 22, $p_0 = 368\,900$ kg/qm, $V_1 = 0{,}00362$ cbm, $R = 29{,}29$ nach Zahlentafel 2, $G_1 + G' = 0{,}0344$, wie oben gesagt.

Es ist $T_1 = 1239^0$. Jetzt tritt die andere Hälfte der Einblaseluft und des Treiböles ein, so wird aus $G_1 + G' + G' = G$ kg.

$$T_1' = \frac{(G_1 + G')\,T_1 + G'\,T'}{G} \quad \ldots \ldots \ldots \quad (57),$$

$$T_1' = 1209^0, \quad G = 0{,}03558;$$

$$p_1 = \frac{G\,R\,T_1'}{V_1} \text{ mit } R = 29{,}29 \quad \ldots \ldots \ldots \quad (58),$$

$$p_1 = 348\,000 \text{ kg/qm};$$

$$J_1 = G \left\{ a + \frac{b}{2} (T_1' + 273) \right\} (T_1 - 273) \quad \ldots \ldots \quad (59),$$

$$a = 0{,}1556, \quad b = 0{,}0000474, \quad J_1 = 6{,}345 \text{ WE}.$$

Bis Ordinate 2 verbrennen wieder $Q_2 = 0{,}338\,Q$ (Zahlentafel 22). Für Punkt 2 muß sein

$$J_1 + Q_2 = J_2 + A_2 \quad \ldots \ldots \ldots \quad (60),$$

$$J_2 = G \left\{ a + \frac{b}{2} (T_2 + 273) \right\} (T_2 - 273) \quad \ldots \ldots \quad (61).$$

Hierin sind nach Zahlentafel 2 zu setzen: $a = 0{,}1560$ und $b = 0{,}0000525$. Es sind unbekannt J_2, T_2 und A_2. Ich mache deshalb die Annahme, daß die entstehende Linie eine Polytrope ist. Dann ist

$$A_2 = \frac{p_1 V_1}{427\,(x - 1)} \left(1 - \frac{T_2}{T_1}\right) \quad \ldots \ldots \ldots \quad (62).$$

Der Exponent der Polytrope ist bestimmt durch

$$x - 1 = \frac{\log \frac{T_1}{T_2}}{\log \frac{V_2}{V_1}} \quad \ldots \ldots \ldots \quad (63),$$

$$A_2 = \frac{p_1 V_1 \log \frac{V_2}{V_1}}{427 \log \frac{T_1}{T_2}} \left(1 - \frac{T_2}{T_1}\right) \quad \ldots \ldots \ldots \quad (64).$$

Gl. (61) und Gl. (64) in Gl. (60) eingesetzt, ergibt

$$J_1 + Q_2 = G\left\{a + \frac{b}{2}(T_2 + 273)\right\}(T_2 - 273) + \frac{p_1 V_1}{427}\,\frac{\log\frac{V_2}{V_1}}{\log\frac{T_1}{T_2}}\left(1 - \frac{T_2}{T_1}\right) \quad (65).$$

Durch Probieren findet man T_2

$$p_2 = \frac{G R T_2}{V_2} \quad \ldots\ldots\ldots\ldots \quad (66)$$

mit $R = 29{,}28$ nach Zahlentafel 2.

Für das nächste Stück der Kurve zwischen 2 und 5 erhält man

$$J_2 + Q_5 = G\left\{a + \frac{b}{2}(T_5 + 273)\right\}(T_5 - 273) + \frac{p_2 V_2}{427}\,\frac{\log\frac{V_5}{V_2}}{\log\frac{T_2}{T_5}}\left(1 - \frac{T_5}{T_2}\right) \quad (67),$$

worin $a = 0{,}1562$ und $b = 0{,}0000545$ nach Zahlentafel 2 zu setzen ist.

So fährt man bis Ordinate 19 fort und erhält eine Kurve, die sich aus Polytropen mit verschiedenen Exponenten zusammensetzt.

Es ergibt sich:

Ordinate	Diagramm mit langsamer Verbrennung ohne Kühlung		wirkliches Diagramm	
	p kg/qm	T ⁰ abs.	p kg/qm	T ⁰ abs.
2	305 000	1497	302 900	1485
5	150 900	1386	145 500	1338
10	73 800	1205	69 500	1135
15	48 300	1137	44 000	1034
19	37 900	1110	33 000	965

Man erkennt, daß im ersten Teile des Hubes, wo die Kühlung noch nicht viel Wärme entführt haben kann, beide Kurven dicht beieinander liegen, daß später aber die Spannungen und Temperaturen immer weiter sich voneinander entfernen. Im großen und ganzen ist die so entstandene Kurve der wirklichen schon sehr ähnlich; das läßt Abb. 3 noch deutlicher erkennen.

Der Inhalt des Diagrammes $a\,O\,d'\,e'\,a$ ohne Kühlung ist 68,6 qcm; der Völligkeitsgrad des wirklichen Diagrammes also $\eta_v'' = \frac{64{,}7}{68{,}6} = 0{,}943$.

Es mag auf den ersten Blick verwundern, daß der Unterschied, der durch die Kühlung in den Diagrammflächen hervorgerufen wird, so gering ist. Es ist aber zu bedenken, daß bei dem ungekühlten Diagramm die Abgase mit 1110° Temperatur in den Auspuff gehen, bei dem wirklichen jedoch mit nur 965°; der deshalb vorhandene Unterschied in den Gaswärmen ist auch an das Kühlwasser gegangen. Beim ungekühlten Diagramm ist $J_{19} = 5{,}820$, beim wirklichen $J_{19} = 4{,}709$ WE, der Unterschied 1,111 WE; dazu ist an Fläche verloren gegangen bis zum Hubende 3,9 qcm, bis Ordinate 19 jedoch 3,65 qcm; das sind $\frac{3{,}65 \cdot 1000 \cdot 0{,}02982}{427} = 0{,}255$ WE. Zusammen ergibt der Verlust an das Kühlwasser $1{,}111 + 0{,}255 = 1{,}366$ WE; das ist der Wert q auf Zahlentafel 1.

Der Völligkeitsgrad, bezogen auf das theoretische Gleichdruckdiagramm, war $\eta_v' = 0{,}851$; jetzt ist er 0,943.

Von einem Gesamtverlust von 0,149 der Fläche des theoretischen Gleichdruckdiagrammes entfallen $1 - \frac{68{,}6}{76} = 0{,}098$ auf die langsame Verbrennung und $\frac{3{,}9}{76} = 0{,}051$ auf die Kühlung.

Bei Maschinen mit größeren Zylinderabmessungen oder mit höherer Umlaufzahl muß das Diagramm mit langsamer Verbrennung ohne Kühlung dem wirklichen noch ähnlicher sein. Bei Versuch VI ergibt das wirkliche Diagramm, bis zum Hubende verlängert, ebenfalls 64,7 qcm; das theoretische Gleichdruckdiagramm hat 77,8 qcm, Abb. 9, der Völligkeitsgrad η_v' ist $= 0{,}831$; das Diagramm ohne Kühlung mit langsamer Verbrennung ist 66,6 qcm, $\eta_v'' = 0{,}972$. Von dem Gesamtverlust von 0,169 entfallen 0,144 auf die langsame Verbrennung und nur 0,025 auf die Kühlung.

L) Entwurf des Diagrammes für eine neue Maschine.

Will man auf Grund der vorstehenden Versuchsergebnisse für eine noch zu bauende Maschine sich Klarheit über den wirklichen Verlauf von Spannung und Temperatur verschaffen, so muß das Mischungsverhältnis Luft : Oel bekannt sein, da von diesem die Konstanten für das Abgas abhängen. Nun wird der Berechnung der Zylinderabmessungen meist eine bestimmte mittlere Diagrammspannung zugrunde gelegt. Es wäre also zunächst ein Zusammenhang zwischen dem Mischungsverhältnis $m = \frac{G_L}{G_{öl}}$ und der mittleren Diagrammspannung zu suchen.

Es ist

$$N_e = \frac{\frac{D^2\pi}{4} S n \eta_m p_i}{0{,}9},$$

wenn S und D in m, p_i in kg/qcm ausgedrückt sind. Der wirtschaftliche Wirkungsgrad ist

$$\eta_w = \frac{632 N_e}{B_1 H},$$

wenn B_1 der stündliche Brennstoffverbrauch in kg bei N_e PS-Leistung und H der untere Heizwert in WE/kg ist,

$$N_e = \frac{\eta_w B_1 H}{632}.$$

In 1 st werden $30\,n$-Viertakte gemacht, folglich ist die Oelmenge für einen Viertakt

$$G_{öl} = \frac{B_1}{30\,n},$$

$$B_1 = 30\,n\,G_{öl},$$

$$N_e = \frac{\eta_w 30\,n\,G_{öl} H}{632}.$$

Die bei einem Viertakt angesaugte Luftmenge ist

$$V_L = \eta_l \frac{D^2\pi}{4} S,$$

worin η_l der Lieferungsgrad des Saughubes, bezogen auf 1 at und 17° Maschinenhaustemperatur sei. Hierbei ist das spezifische Gewicht der Luft

$$\gamma_L = 1{,}29 \cdot \frac{273}{290} \cdot \frac{1}{1{,}033} = 1{,}175 \text{ kg/cbm},$$

folglich ist das bei einem Viertakt angesaugte Luftgewicht

$$G_L = \gamma_L V_L = 1{,}175\, \eta_l \frac{D^2\pi}{4} S,$$

$$\frac{D^2\pi}{4} S = \frac{G_L}{1{,}175\, \eta_l};$$

$$N_e = \frac{G_L\, n\, \eta_m\, p_i}{0{,}9 \cdot 1{,}175\, \eta_l} = \frac{\eta_w 30\, n\, G_{öl} H}{632}.$$

Die Zahl n hebt sich fort, und man erhält

$$\frac{G_L}{G_{öl}} = m = \frac{30 \cdot 1{,}175 \cdot 0{,}9}{632} \frac{\eta_w\, \eta_l}{\eta_m\, p_i} H,$$

$$m = 0{,}0502 \frac{\eta_w\, \eta_l}{\eta_m\, p_i} H \quad \ldots\ldots\ldots \quad (68).$$

Für langsam laufende ortfeste Maschinen wird man zu wählen haben

$\eta_w = 0{,}3$ für kleine bis $\eta_w = 0{,}34$ für große Leistung,
$\eta_m = 0{,}72$ » » » $\eta_m = 0{,}76$ » » »,
ferner $\eta_l = 0{,}86$ bis $0{,}92$.

Für große Mehrzylindermaschinen kann η_m auch wohl noch etwas größer bis 0,8 gesetzt werden. Es ist aber vorauszusetzen, daß p_i nicht allzusehr abweichen soll von den üblichen Werten 6,5 bis 7 kg/qcm, weil sich sonst η_w verändert.

Als mittlerer Wert für die Spannung p_a am Ende des Saughubes wird 9750 kg/qm geeignet sein, falls die Maschine unmittelbar aus dem Maschinenraume saugt. Der Hubraum $V = \frac{D^2\pi}{4} S$ ist durch N_e, p_i, η_m und n bestimmt, das Verdichtungsverhältnis $\varepsilon = \frac{V + V_c}{V_c}$ wird gewählt und die Größe des Verdichtungsraumes $V_c = \frac{V}{\varepsilon - 1}$ berechnet. Dann ist am Ende des Saughubes das Gewicht der Ladung

$$G_1 = \frac{p_a (V + V_c)}{R\, T_a},$$

wobei $R = 29{,}3$ und $T_a = 325^0$ zu setzen ist. Ferner ist

$$G_L = 1{,}175 \frac{D^2\pi}{4} S\, \eta_l$$

und

$$G_{öl} = \frac{G_L}{m}$$

und das Einblaseluftgewicht

$$G_l = \infty \frac{G_L}{25}.$$

Aus der Verbrennung von $G_{öl}$ kg Oel mit $(G_L + G_l)$ kg Luft kann die Zusammensetzung der Abgase berechnet werden und darauf die Größen

$$R_r, \quad c_{vr} = a_r + b_r\, T,$$

$$c_{pr} = k\, a_r + b_r\, T = a_r + \frac{R_r}{427} + b_r\, T,$$

endlich die Verbrennungswärme des Oeles

$$Q = G_{öl} H.$$

Die Verdichtungslinie kann annähernd als Polytrope gezeichnet werden; als Exponenten schlage ich 1,34 vor. Damit erhält man die Verdichtungs-Endspannung $p_0 = p_a\, \varepsilon^{1{,}34}$, ferner $T_0 = \frac{p_0\, V_c}{G_1\, R}$ und die Gaswärme

$$J_0 = G_1 \left\{a + \frac{b}{2}(T_0 + 273)\right\}(T_0 - 273)$$

mit $a = 0{,}155$ und $b = 0{,}000041$ für Luft.

Jetzt wird das Diagramm entworfen, das ohne Kühlung, aber mit der von mir festgestellten, oben geschilderten allmählich verlaufenden Verbrennung (S. 34) entstehen würde, genau so, wie es auf S. 35 bis 37 erläutert ist.

Dieses Diagramm ist noch zu groß, die Temperaturen noch zu hoch. Würde man daher hieraus die Kühlkurve ermitteln und eine neue Diagrammlinie durch Abzug der durch die Kühlkurve angegebenen Kühlwasserwärmen feststellen, so würde man zu viel in Abzug bringen und besonders im zweiten Teile des Hubes eine zu niedrig verlaufende Linie erhalten. Man muß vielmehr schrittweise verfahren.

Vom Volumen V_b' aus (S. 35), wo die Hälfte der Einblaseluft und des Oeles im Zylinder sind, bestimmt man zunächst mit $Q_1 = 0{,}45\ Q$ die Temperatur T_1 bei Ordinate 1, die ohne Kühlung erreicht werden würde. Für T_b' und T_1 bestimmt man aus Abb. 18 die Werte W_b' und W_1, berechnet F_b' und F_1 und nimmt an, daß zwischen den Punkten b' und 1 die Kühlkurve eine Gerade ist. Man findet dann aus der mittleren Höhe $\frac{F_b' W_b' + F_1 W_1}{2}$ der Kühlkurve und der Länge der Abszissenachse zwischen 0 und 1 die Fläche f_1 unter der Kühlkurve und mit Hilfe des Maßstabes die an das Kühlwasser gehende Wärmemenge q_1. Dann ergibt sich als verbesserter Wert für Punkt 1

$$T_1' = -\frac{1}{b_1}\left\{a_1 + \frac{R(V_1 - V_b')}{854\, V_1}\right\} + \sqrt{\frac{1}{b_1^2}\left\{a_1 + \frac{R(V_1 - V_b')}{854\, V_1}\right\}^2 + \left\{\frac{J_b' + Q_1 - q_1 - \frac{p_0 (V_1 - V_b')}{854}}{G_1 + G'} + 273\, a_1\right\}\frac{2}{b_1} + 273^2} \quad (69).$$

Diese Gleichung ist genau so abgeleitet wie Gl. (56); für R, a_1, b_1 und $G + G$ sind die Werte zu nehmen, die sich aus der Wärmezufuhr Q_1 ergeben, bezw. dem Punkte 1 entsprechen.

Nun ist der abgezogene Wert q_1 entschieden zu groß; man müßte also, um ganz genau zu gehen, nochmals aus T_1' den Wert W_1' bestimmen und nochmals q_1 berechnen, man würde dann einen neuen, etwas höher liegenden Wert T_1' erhalten. Doch ist der Unterschied so gering, daß er vernachlässigt werden kann.

Man erhält nun durch das Einblasen der zweiten Hälfte $G' = \frac{G_l + G_{\ddot{o}l}}{2}$ die ermäßigte Temperatur

$$T_1'' = \frac{(G_1 + G')\, T_1' + G'\, T'}{G}$$

nach Gl. (57). Ferner

$$p_1' = \frac{G\, R\, T_1''}{V_1}$$

und

$$J_1' = G\left\{a_1 + \frac{b_1}{2}(T_1'' + 273)\right\}(T_1'' - 273).$$

Das nächste Stück bis Ordinate 2 wird wieder als Polytrope zunächst ohne Kühlung berechnet nach Gl. (65)

$$J_1' + Q_2 = G\left\{a_2 + \frac{b_2}{2}(T_2 + 273)\right\}(T_2 - 273) + \frac{p_1' V_1}{427} \frac{\log \frac{V_2}{V_1}}{\log \frac{T_1''}{T_2}}\left(1 - \frac{T_2}{T_1''}\right),$$

wodurch T_2 und W_2 bestimmt sind. Dann ergibt sich wieder die Fläche f_2 unter der Kühlkurve aus der mittleren Höhe $\frac{F_1 W_1'' + F_2 W_2}{2}$ und der Länge der Abszissenachse zwischen 1 und 2, daraus der Kühlverlust q_2. Endgültig erhält man dann T_2', p_2' und J_2' aus

$$J_1 + Q_2 - q_2 = G\left\{a_2 + \frac{b_2}{2}(T_2' + 273)\right\}(T_2' - 273) + \frac{p_1' V_1}{427} \frac{\log \frac{V_2}{V_1}}{\log \frac{T_1''}{T_2'}} \left(1 - \frac{T_1'}{T_2''}\right) \quad (70).$$

In dieser Weise fährt man fort bis zum Oeffnen des Auslaßventiles.

Am besten wird das Verfahren klar an einem Beispiel.

Es sei das Diagramm zu entwerfen für eine Maschine mit $p_i = 7$ kg/qcm, die mit Gasöl arbeitet und zu Beginn der Verdichtung eine Ladung $G_1 = 0{,}1$ kg besitzt.

Verdichtungsverhältnis $\varepsilon = 14$ wird gewählt. Das Mischungsverhältnis ergibt sich aus Gl. (68) mit $\eta_w = 0{,}32$, $\eta_i = 0{,}91$, $\eta_m = 0{,}75$, $H = 10000$ WE/kg,

$$m = \frac{0{,}32 \cdot 0{,}91}{0{,}75 \cdot 7{,}00} \cdot 10000 \cdot 0{,}0502 = 27{,}8,$$

$$m = \infty\ 28 \text{ kg/kg},$$

$$V + V_c = \frac{G_1 R T_a}{p_a} = \frac{0{,}1 \cdot 29{,}3 \cdot 325}{9750} = 0{,}0976 \text{ cbm},$$

$$V_c = \frac{V + V_c}{\varepsilon} = \frac{0{,}0976}{14} = 0{,}007 \text{ cbm},$$

$$V = 0{,}0976 - 0{,}007 = 0{,}0906 \text{ cbm},$$

Abgasrest mit $p_r = 11\,000$ kg/qm,

$$G_r = \frac{p_r V_c}{R T_r} = \frac{11\,000 \cdot 0{,}007}{29{,}3 \cdot 750} = 0{,}0035 \text{ kg},$$

Luftladung $G_L = G_1 - G_r = 0{,}1 - 0{,}0035 = 0{,}0965$ kg,

Einblaseluft $G_l = \frac{G_L}{25} = \infty\ 0{,}00356$ kg,

Oel für 1 Viertakt $G_{öl} = \frac{G_L}{28} = 0{,}003446$ kg.

Gesamte Ladung nach dem Einblasen:

$$G = G_1 + G_{öl} + G_l = 0{,}107 \text{ kg}.$$

Verbrennungswärme des Treiböles:

$$Q = G_{öl} H = 34{,}46 \text{ WE}.$$

Zusammensetzung des Gasöles:

$$0{,}85\,C + 0{,}13\,H + 0{,}02\,N.$$

Mit Hilfe der Atomzahlen erhält man

$$0{,}85\,C + \frac{0{,}85 \cdot 32}{12}\,O = \frac{0{,}85 \cdot 44}{12}\,CO_2,$$

$$0{,}85\,C + 2{,}26\,O = 3{,}11\,CO_2;$$

ferner

$$0{,}13\,H + 8 \cdot 0{,}13\,O = 9 \cdot 0{,}13\,H_2O,$$

$$0{,}13\,H + 1{,}04\,O = 1{,}17\,H_2O.$$

Gesamter O-Bedarf für 1 kg Oel $= 2{,}26 + 1{,}04 = 3{,}3$ kg.

Es werden aber für 1 kg Oel verwendet 28 kg $+ \frac{28}{25}$ kg Einblaseluft $= 29{,}12$ kg Luft insgesamt. Darin sind enthalten 22,1 kg N und 7,02 kg O.

Daher Zusammensetzung der Abgase:

$$22{,}1 + 0{,}02 = 22{,}12 \text{ kg N},$$
$$7{,}02 - 3{,}3 = 3{,}72 \text{ kg O},$$
$$3{,}11 \text{ kg } CO_2,$$
$$1{,}17 \text{ kg } H_2O,$$
$$\overline{30{,}12 \text{ kg}}$$

oder Zusammensetzung in Gewichtsteilen:

$$0{,}735 \text{ N},$$
$$0{,}123 \text{ O},$$
$$0{,}103 \; CO_2,$$
$$0{,}039 \; H_2O.$$

Mit den Zahlen von S. 14 wird dann

$$c_{v_r} = 0{,}1565 + 0{,}000057 \, T,$$
$$R_r = \infty \; 29{,}3.$$

Wenn die Wärmeentwicklung nach S. 34 angenommen wird, also

$$Q_1 = 0{,}45 \; Q, \qquad Q_{10} = 0{,}060 \; Q,$$
$$Q_2 = 0{,}275 \; Q, \qquad Q_{15} = 0{,}045 \; Q,$$
$$Q_5 = 0{,}150 \; Q, \qquad Q_{18} = 0{,}020 \; Q,$$

so wird für Ordinate 1:

$$c_{v1} = a_1 + b_1 \, T,$$
$$a_1 = 0{,}155 + 0{,}45 \, (0{,}1565 - 0{,}155) = 0{,}1557,$$
$$b_1 = 0{,}000041 + 0{,}45 \, (0{,}000057 - 0{,}000041) = 0{,}0000482;$$

für Ordinate 2:

$$a_2 = 0{,}155 + (0{,}45 + 0{,}275) \cdot 0{,}0015 = 0{,}1561,$$
$$b_2 = 0{,}000041 + 0{,}725 \cdot 0{,}000016 = 0{,}0000536;$$

für Ordinate 5:

$$a_5 = 0{,}1563, \quad b_5 = 0{,}000055;$$

für Ordinate 10:

$$a_{10} = 0{,}1564, \quad b_{10} = 0{,}000056;$$

für Ordinate 15:

$$a_{15} = 0{,}1565, \quad b_{15} = 0{,}0000567.$$

Endlich für Ordinate 18, wie oben berechnet:

$$a_{18} = a_r = 0{,}1565, \quad b_{18} = b_r = 0{,}000057 \; T.$$

Berechnung des Diagrammes ohne Kühlung.

Am Ende der Verdichtung wird

$$p_0 = p_a \, \varepsilon^{1{,}34} = 9750 \cdot 14^{1{,}34} = 334000 \text{ kg/qm},$$
$$T_0 = \frac{p_0 \, V_c}{G_1 \, R} = \frac{334000 \cdot 0{,}007}{0{,}1 \cdot 29{,}3} = 798^0 \text{ abs.}$$

Durch das Einblasen der Hälfte von $(G_l + G_{\ddot{o}l})$ wird die Temperatur ermäßigt auf

$$T_b' = \frac{0{,}1 \cdot 798 + 0{,}035 \cdot 350}{0{,}1035} = 782^0,$$
$$V_b' = \frac{0{,}1035 \cdot 782 \cdot 29{,}3}{334000} = 0{,}0071 \text{ cbm},$$
$$J_b' = 0{,}1035 \, [0{,}155 + 0{,}0000205 \, (782 + 273)] \, (782 - 273),$$
$$J_b' = 9{,}30 \text{ WE}.$$

Jetzt erfolgt Verbrennung von 0,45 $G_{öl}$ bis Ordinate 1, wobei die Diagrammkurve eine Gerade sein soll.

$$Q_1 = 0{,}45\,Q = 0{,}45 \cdot 34{,}46 = 15{,}5 \text{ WE},$$

$$V_1 = V_c + \frac{V}{20} = 0{,}007 + \frac{0{,}0906}{20} = 0{,}01153 \text{ cbm},$$

a_1 und b_1 wie oben angegeben,

$$V_1 - V_b' = 0{,}01153 - 0{,}0071 = 0{,}00443 \text{ cbm},$$

$$T_1 = -\frac{1}{0{,}0000482}\left\{0{,}1557 + \frac{29{,}3 \cdot 0{,}00443}{854 \cdot 0{,}01153}\right\} +$$

$$\sqrt{\frac{1}{0{,}0000482^2}\left\{0{,}1557 + \frac{29{,}3 \cdot 0{,}00443}{854 \cdot 0{,}01153}\right\}^2 + \frac{1}{0{,}0000241}\left\{\frac{9{,}3 + 15{,}5 - \frac{334000 \cdot 0{,}00443}{854}}{0{,}1035} + 273 \cdot 0{,}1557\right\} + 273^2}.$$

$$T_1 = 1330^0 \text{ abs.}$$

Durch Einblasen der anderen Hälfte von $(G_l + G_{öl})$ wird T_1 auf T_1' ermäßigt.

$$T_1' = \frac{1330 \cdot 0{,}1035 + 0{,}0035 \cdot 350}{0{,}107} = 1298,$$

$$p_1' = \frac{0{,}107 \cdot 1298 \cdot 29{,}3}{0{,}01153} = 353000 \text{ kg/qm},$$

$$J_1' = 0{,}107\,[0{,}1557 + 0{,}0000241\,(1298 + 273)]\,(1298 - 273),$$

$$J_1' = 21{,}22 \text{ WE}.$$

Jetzt Verbrennung von weiteren 0,275 $G_{öl}$ bis Ordinate 2, wobei die Kurve eine Polytrope ist.

$$V_2 = 0{,}007 + 0{,}1 \cdot 0{,}0906 = 0{,}01606 \text{ cbm},$$

$$\frac{V_2}{V_1} = \frac{0{,}01606}{0{,}01153} = 1{,}394,$$

$$Q_2 = 0{,}275 \cdot 34{,}46 = 9{,}48 \text{ WE},$$

$$21{,}22 + 9{,}48 = 0{,}107\,[0{,}1561 + 0{,}0000263\,(T_2 + 273)]\,(T_2 - 273)$$
$$+ \frac{353000 \cdot 0{,}01153 \log 1{,}394}{427 \log \frac{T_2}{1298}}\left(\frac{T_2}{1298} - 1,\right)$$

$$T_2 = 1526^0 \text{ abs.},$$

$$p_2 = \frac{0{,}107 \cdot 29{,}3 \cdot 1526}{0{,}01606} = 298000 \text{ kg/qm},$$

$$J_2 = 0{,}107\,[0{,}1561 + 0{,}0000263\,(1526 + 273)]\,(1526 - 273),$$

$$J_2 = 27{,}28 \text{ WE}.$$

Bis Ordinate 5 wieder eine Polytrope unter Wärmezufuhr von $Q_5 = 0{,}15$ 34,46 = 5,17 WE.

$$V_5 = V_c + \frac{V}{4} = 0{,}007 + \frac{0{,}0906}{4} = 0{,}02965 \text{ cbm},$$

$$\frac{V_5}{V_2} = \frac{0{,}02965}{0{,}01606} = 1{,}846,$$

$$27{,}28 + 5{,}17 = 0{,}107\,[0{,}1563 + 0{,}0000275\,(T_5 + 273)]\,(T_5 - 273)$$
$$+ \frac{298000 \cdot 0{,}01606 \log 1{,}846}{427 \log \frac{1526}{T_5}}\left(1 - \frac{T_5}{1526}\right),$$

$$T_5 = 1450^0,$$

$$p_5 = \frac{0{,}107 \cdot 29{,}3 \cdot 1450}{0{,}02965} = 153300 \text{ kg/qm},$$

$$J_5 = 0{,}107\,[0{,}1563 + 0{,}0000275\,(1450 + 273)]\,(1450 - 273),$$

$$J_5 = 25{,}67 \text{ WE},$$

$$Q_{10} = 0{,}06 \cdot 34{,}46 \cdot 2{,}07 \text{ WE},$$

$$V_{10} = 0{,}007 + \frac{0{,}0906}{2} = 0{,}0523 \text{ cbm},$$

$$\frac{V_{10}}{V_5} = \frac{0{,}0523}{0{,}02965} = 1{,}765,$$

$$25{,}67 + 2{,}07 = 0{,}107\,[0{,}1564 + 0{,}000028\,(T_{10} + 273)]\,(T_{10} - 273) + \frac{153\,300 \cdot 0{,}02965 \log 1{,}765}{427 \log \frac{1450}{T_{10}}}\left(1 - \frac{T_{10}}{1450}\right),$$

$$T_{10} = 1300^0,$$

$$p_{10} = \frac{0{,}107 \cdot 29{,}3 \cdot 1300}{0{,}0523} = 77\,900 \text{ kg/qm},$$

$$J_{10} = 0{,}107\,[0{,}1564 + 0{,}000028\,(1300 + 273)]\,(1300 - 273),$$

$$J_{10} = 22{,}02 \text{ WE},$$

$$Q_{15} = 0{,}045 \cdot 34{,}46 = 1{,}55 \text{ WE},$$

$$V_{15} = 0{,}007 + \frac{0{,}0906 \cdot 3}{4} = 0{,}07495 \text{ cbm},$$

$$\frac{V_{15}}{V_{10}} = \frac{0{,}07495}{0{,}0523} = 1{,}434,$$

$$22{,}02 + 1{,}55 = 0{,}107\,[0{,}1565 + 0{,}0000283\,(T_{15} + 273)]\,(T_{15} - 273) + \frac{77900 \cdot 0{,}0523 \log 1{,}434}{427 \log \frac{1300}{T_{15}}}\left(1 - \frac{T_{15}}{1300}\right),$$

$$T_{15} = 1222^0,$$

$$p_{15} = \frac{0{,}107 \cdot 29{,}3 \cdot 1222}{0{,}07495} = 51\,600 \text{ kg/qm},$$

$$J_{15} = 0{,}107\,[0{,}1565 + 0{,}0000283\,(1222 + 273)]\,(1222 - 273),$$

$$J_{15} = 20{,}20 \text{ WE},$$

$$Q_{18} = 0{,}02 \cdot 34{,}46 = 0{,}69 \text{ WE},$$

$$V_{18} = V_c + V - \frac{V}{10} = 0{,}007 + 0{,}0906 - 0{,}00906 = 0{,}08854 \text{ cbm},$$

$$\frac{V_{18}}{V_{15}} = \frac{0{,}08854}{0{,}07495} = 1{,}181,$$

$$20{,}20 + 0{,}69 = 0{,}107\,[0{,}1565 + 0{,}0000285\,(T_{18} + 273)]\,(T_{18} - 273) + \frac{51\,600 \cdot 0{,}07495 \log 1{,}181}{427 \log \frac{1222}{T_{18}}}\left(1 - \frac{T_{18}}{1222}\right),$$

$$T_{18} = 1187^0,$$

$$p_{18} = \frac{0{,}107 \cdot 29{,}3 \cdot 1187}{0{,}08854} = 42\,100 \text{ kg/qm},$$

$$J_{18} = 0{,}107\,[0{,}1565 + 0{,}0000285\,(1187 + 273)]\,(1187 - 273),$$

$$J_{18} = 19{,}40 \text{ WE}.$$

Am Ende der Verdichtung war

$$J_0 = 0{,}1\,[0{,}155 + 0{,}0000205\,(798 + 273)]\,(798 - 273) = 9{,}29 \text{ WE}.$$

Die durch das Einblasen geleistete Arbeit ist Gl. (20)

$$a = \frac{(G_{8l} + G_l)\,R\,T'}{427} = \frac{0{,}007 \cdot 29{,}3 \cdot 350}{427} = 0{,}17 \text{ WE}.$$

Die Gaswärme von Einblaseluft und Oel ist

$$i = 0{,}007\,[0{,}155 + 0{,}0000205\,(350 + 273)]\;350 - 273),$$

$$i = 0{,}09 \text{ WE}.$$

Da dieses Diagramm ohne Kühlung entworfen ist, so ist die Arbeit unter der Ausdehnungslinie zwischen o und 18

$$A = J_0 + a + i + Q - J_{18} = 9{,}29 + 0{,}17 + 0{,}09 + 34{,}46 - 19{,}40 = 24{,}61 \text{ WE.}$$

Das Diagramm ist aufgezeichnet in Abb. 29 mit dem Maßstab

$$20 \text{ cm} = V = 0{,}0906 \text{ cbm},$$
$$0{,}4 \text{ cm} = 1 \text{ at} = 10000 \text{ kg/qm}$$ [1]).

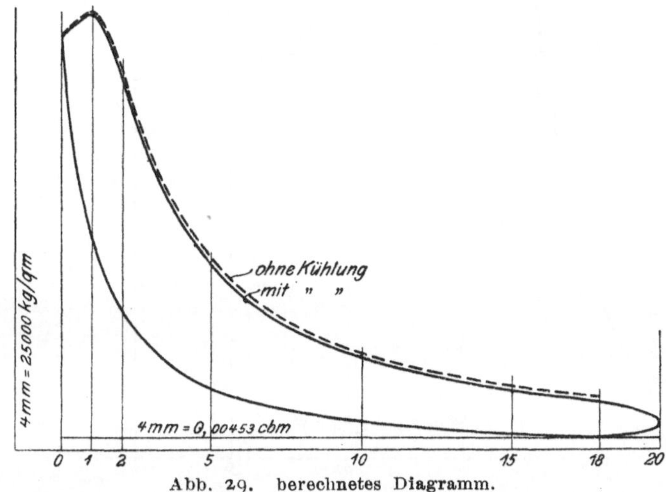

Abb. 29. berechnetes Diagramm.

Die Fläche unter der Ausdehnungslinie von o bis 18 ist planimetriert und = 92,6 qcm gefunden.

$$92{,}6 \text{ qcm} = \frac{92{,}6 \cdot 0{,}0906 \cdot 10000}{20 \cdot 0{,}4} = 10490 \text{ mkg} = \frac{10490}{427} = 24{,}57 \text{ WE.}$$

Es ergibt sich also eine recht gute Uebereinstimmung mit dem obigen Wert 24,61 WE.

Ergänzt man das Diagramm von 18 aus durch die Auspufflinie, indem man diese ähnlich zieht, wie bei den wirklichen Diagrammen, so findet man eine obere positive Fläche zwischen Ausdehnungs-, Verdichtungs- und Auspufflinie = 58,7 qcm, die eine mittlere Diagramm-Spannung von $\frac{58{,}7}{20 \cdot 0{,}4} = 7{,}34$ kg/qcm ergeben, also einen Wert, der schon recht nahe bei dem gewünschten Werte 7,00 kg/qcm liegt.

Berechnung des Diagrammes mit Kühlung.

Da die Wirkung der Kühlung von der Größe der Oberfläche abhängt, diese aber je nach dem Verhältnis $\frac{S}{D}$ für denselben Hubraum $V = \frac{D^2\pi}{4} S$ verschieden ausfällt, so müssen nun die Abmessungen angenommen werden. Es sei $D = 0{,}4$ m, $S = 0{,}72$ m, $V = \frac{0{,}4^2\pi}{4} \cdot 0{,}72 = 0{,}0906$ cbm. Die minutliche Drehzahl sei $n = 180$.

Nimmt man nun für die Abszissenachse der Kühlkurve wieder 18 cm = Zeit eines Hubes an, also 1 cm = $\frac{1}{120 \cdot 18 \cdot 180}$ st, und als Höhenmaßstab 1 cm = 10000 WE/st, so wird der Flächenmaßstab 1 qcm = 0,0257 WE[2]).

[1]) s. Fußnote auf S. 10.

[2]) s. Fußnote auf S. 10.

Das erste Stück des Diagrammes ohne Kühlung kann benutzt werden zur Konstruktion des ersten Stückes der Kühlkurve. Es war $T_0 = 798$, also ist nach Abb. 18

$$W_0 = 34000 \text{ WE/st qm.}$$

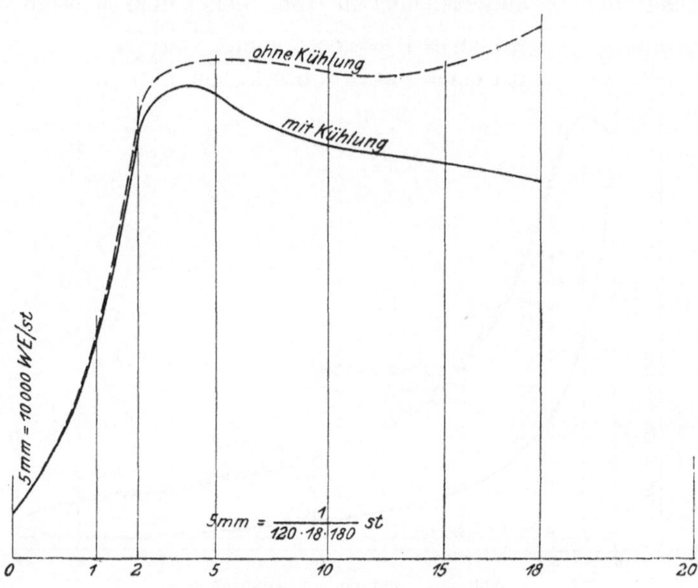

Abb. 30. **Kühlkurve zum berechneten Diagramm.**

Die kühlende Oberfläche ist

$$F_0 = 2\,\frac{D^2\pi}{4} + \frac{D\pi S}{13} = 2\,\frac{0{,}4^2\pi}{4} + \frac{0{,}4\pi\,0{,}72}{13} = 0{,}3208 \text{ qm}$$

$$F_0\,W_0 = 0{,}3208 \cdot 34000 = 10900 \text{ WE/st,}$$

ferner ist

$$T_1' = 1298^0,$$

$$W_1' = 158000 \text{ WE/st qm,}$$

$$F_1 = F_0 + \frac{D\pi S}{20} = 0{,}3661 \text{ qm,}$$

$$F_1\,W_1 = 57900 \text{ WE/st.}$$

Die mittlere Höhe der Kühlkurve zwischen 0 und 1 ist somit

$$\frac{10900 + 57900}{2 \cdot 10000} = 3{,}44 \text{ cm,}$$

die Länge von 0 bis 1 2,25 cm, folglich die Fläche unter der Kühlkurve

$$f_1 = 2{,}25 \cdot 3{,}44 = 7{,}75 \text{ qcm,}$$

$$q_2 = 7{,}75 \cdot 0{,}0257 = 0{,}2 \text{ WE.}$$

Jetzt erhält man den richtigen Wert T_1' aus Gl. (69)

$$T_1' = -\frac{1}{0{,}0000482}\left\{0{,}1557 + \frac{29{,}3 \cdot 0{,}00443}{854 \cdot 0{,}01153}\right\} +$$

$$\sqrt{\frac{1}{0{,}0000482^2}\left\{0{,}1557 + \frac{29{,}3 \cdot 0{,}00443}{854 \cdot 0{,}01153}\right\}^2 + \frac{1}{0{,}0000241}\left\{\frac{9{,}3 + 15{,}5 - \frac{334000 \cdot 0{,}00443}{854} - 0{,}2}{0{,}1035} + 273 \cdot 0{,}1557\right\} + 273^2}.$$

Bezüglich der einzelnen Werte vergl. S. 43. Es wird $T_1' = 1324$.

Dieses wird durch das Einblasen der anderen Hälfte ermäßigt auf

$$T_1'' = \frac{0{,}1035 \cdot 1324 + 0{,}0035 \cdot 350}{0{,}107} = 1293^0,$$

$$p_1' = \frac{0{,}107 \cdot 29{,}3 \cdot 1293}{0{,}01153} = 352\,000 \text{ kg/qm},$$

$$J_1' = 0{,}107\,[0{,}1557 + 0{,}0000241\,(1293 + 273)]\,(1293 - 273),$$

$$J_1' = 21{,}12 \text{ WE}.$$

Jetzt genau wie auf S. 43, zunächst ohne Kühlung bis Ordinate 2:

$$21{,}12 + 9{,}48 = 0{,}107\,[0{,}1561 + 0{,}0000263\,(T_2 + 273)]\,(T_2 - 273) + \frac{352\,000 \cdot 0{,}01153 \log 1{,}394}{427 \log \frac{T_2}{1293}} \left(\frac{T_2}{1293} - 1\right),$$

$$T_2 = 1521^0.$$

Für die Kühlkurve ergibt sich:

$T_1'' = 1293$, $W_1'' = 156000$, $F_1 W_1'' = 0{,}3661 \cdot 156000 = 57\,100$ WE/st,

$T_2 = 1521$, $W_2 = 270000$ WE/qm st, $F_2 = F_0 + \frac{D \pi S}{10} = 0{,}4114$ qm,

$F_2 W_2 = 111\,000$ WE/st.

Mittlere Höhe $= \frac{57\,100 + 111\,000}{2 \cdot 10000} = 8{,}4$ cm,

Länge von 1 bis 2 = 1,13 cm,

$f_2 = 8{,}4 \cdot 1{,}13 = 9{,}4$ qcm,

$q_2 = 9{,}4 \cdot 0{,}0257 = 0{,}24$ WE.

Jetzt nach Gl. (70), S. 41:

$$21{,}12 + 9{,}48 - 0{,}24 = 0{,}107\,[0{,}1561 + 0{,}0000263\,(T_2' + 273)]\,(T_2' - 273) + \frac{352\,000 \cdot 0{,}01153 \log 1{,}394}{427 \log \frac{T_2'}{1293}} \left(\frac{T_2'}{1293} - 1\right),$$

$$T_2' = 1513^0,$$

$$p_2' = \frac{0{,}107 \cdot 29{,}3 \cdot 1513}{0{,}01606} = 295\,500 \text{ kg/qm},$$

$$J_2' = 0{,}107\,[0{,}1561 + 0{,}0000263\,(1513 + 273)]\,1513 - 273),$$

$$J_2' = 26{,}97 \text{ WE}.$$

Von hier aus bis Ordinate 5 zunächst ohne Kühlung:

$$26{,}97 + 5{,}17 = 0{,}107\,[0{,}1563 + 0{,}0000275\,(T_5 + 273)]\,(T_5 - 273) + \frac{295\,500 \cdot 0{,}01606 \log 1{,}846}{427 \log \frac{1513}{T_5}} \left(1 - \frac{T_5}{1513}\right)$$

$$T_5 = 1450^0.$$

Für die Kühlkurve ist:

$T_2' = 1513^0$, $W_2' = 267000$ WE/qm st, $F_2' W_2' = 109\,800$ WE/st,

$T_5 = 1450^0$, $W_5 = 228000$ » , $F_5 = F_0 + \frac{D \pi S}{4} = 0{,}5473$ qm,

$F_5 W_5 = 124\,700$ WE/st.

Mittlere Höhe $\frac{124\,700 + 109\,800}{2 \cdot 10000}$,

Länge zwischen 2 und 5: 2,03 cm,

$f_2 = 2{,}03 \cdot \frac{124\,700 + 109\,800}{20\,000} = 23{,}8$ qcm,

$q_2 = 0{,}0257 \cdot 23{,}8 = 0{,}61$ WE,

$$26{,}97 + 5{,}17 - 0{,}61 = 0{,}107\,[0{,}1563 + 0{,}0000275\,(T_5' + 273)]\,(T_5' - 273) + \frac{295\,500 \cdot 0{,}01606 \log 1{,}846}{427 \log \frac{1513}{T_5'}} \left(1 - \frac{T_5'}{1513}\right),$$

$T_5' = 1420^0$,

$$p_5' = \frac{0{,}107 \cdot 29{,}3 \cdot 1420}{0{,}02965} = 150\,300 \text{ kg/qm},$$

$$J_5' = 0{,}107\,[0{,}1563 + 0{,}0000275\,(1420 + 273)]\,(1420 - 273),$$

$J_5' = 24{,}90$ WE.

Genau so ergibt sich nun für die folgenden Stücke:

5 bis 10) Ohne Kühlung:

$T_{10} = 1274^0$, $W_{10} = 148\,000$ WE/qm st, $F_{10} = 0{,}7738$ qm, $F_{10}\,W_{10} = 114\,500$ WE/st,
$T_5' = 1420$, $W_5' = 215\,000$ WE/qm st, $F_5 = 0{,}5473$; $F_5\,W_5' = 115\,200$,
Abszisse zwischen 5 und 10: 3 cm lang,

$$f_{10} = 3 \cdot \frac{114\,500 + 115\,200}{20\,000} = 34{,}5 \text{ qcm},$$

$q_{10} = 0{,}89$ WE.

Mit Kühlung:

$T_{10}' = 1239^0$, $p_{10}' = 74\,300$ kg/qm, $J_{10}' = 20{,}56$ WE.

10 bis 15) Ohne Kühlung:

$T_{15} = 1170^0$, $W_{15} = 111\,500$ WE/qm st, $F_{15} = 1{,}000$ qm, $F_{15}\,W_{15} = 111\,500$ WE/st,
$T_{10} = 1239^0$, $W_{10}' = 135\,000$, $F_{10}\,W_{10}' = 104\,200$ WE/st,
Abszisse zwischen 10 und 15: 3,04 cm lang,

$$f_{15} = 3{,}04 \cdot \frac{111\,500 + 104\,200}{20\,000} = 32{,}8 \text{ qcm},$$

$q_{15} = 0{,}84$ WE.

Mit Kühlung:

$T_{15}' = 1132^0$, $p_{15}' = 47\,300$ kg/qm; $J_{15}' = 18{,}04$ WE.

15 bis 18) Ohne Kühlung:

$T_{18} = 1105^0$, $W_{18} = 92\,000$ WE/qm st, $F_{18} = 1{,}1362$ qm, $F_{18}\,W_{18} = 104\,000$ WE/st,
$T_{15}' = 1132^0$, $W_{15}' = 100\,000$, $F_{15}\,W_{15}' = 100\,000$ WE/st,
Abszissenlänge zwischen 15 und $18 = 2{,}5$ cm,

$$f_{18} = 2{,}5 \cdot \frac{104\,000 + 100\,000}{20\,000} = 25{,}5 \text{ qcm},$$

$q_{18} = 0{,}66$ WE.

Mit Kühlung:

$T_{18}' = 1074^0$, $p_{18}' = 38\,200$ kg/qm, $J_{18}' = 16{,}71$ WE.

Die Fläche unter der Ausdehnungslinie dieses Diagrammes ist von 0 bis 18:

$$A = 90 \text{ qcm} = 23{,}88 \text{ WE}.$$

Es ergibt sich also

$$q = J_0 + Q + a + i - A - J_{18} =$$
$$q = 9{,}29 + 34{,}46 + 0{,}17 + 0{,}09 - 23{,}88 - 16{,}71,$$
$$q = 3{,}42 \text{ WE}.$$

Nach Seite 40 ist dieser Wert etwas zu groß; um den Fehler zu bestimmen, kann man aus den berechneten Temperaturen T_0, T_1', T_2', T_5', T_{10}', T_{15}' und T_{18}, die mit Ausnahme von T_0 alle etwas zu niedrig sind, die Kühlkurve bestimmen, was in Abb. 30 geschehen ist. Die Fläche unter der Kühlkurve ist

$$q' = 127{,}8 \text{ qcm} = 0{,}0257 \cdot 127{,}8 = 3{,}29 \text{ WE}.$$

Dieser Wert ist nun etwas zu klein. Der wirkliche wird etwa in der Mitte zwischen beiden liegen, also $q = 3{,}35$ WE. Dadurch würde sich der wahre Wert von A vergrößern auf $9 = 23{,}95$ WE. Es ist also ersichtlich, daß der gemachte Fehler unerheblich ist.

Die Fläche des Diagrammes mit Kühlung, das durch die Auspufflinie ergänzt ist, zwischen Verdichtungs-, Ausdehnungs- und Auspufflinie ist 56,4 qcm. Die oben festgestellten 0,07 WE, um die A vergrößert ist, entsprechen nach Seite 45

$$0{,}07 \cdot \frac{0{,}0906 \cdot 10000}{20 \cdot 0{,}4 \cdot 427} = 0{,}27 \text{ qcm.}$$

Um diese würde also auch die Diagrammfläche größer werden müssen, also gleich 56,67.

Die mittlere Diagrammspannung beträgt in Abb. 29:

$$p_i = \frac{56{,}4}{20 \cdot 0{,}4} = 7{,}05 \text{ kg/qcm}$$

und müßte richtiger betragen

$$p_i = \frac{56{,}67}{8} = 7{,}08 \text{ kg/qcm.}$$

Man sieht also, daß man mit dem geschilderten Verfahren dem gewünschten Werte recht nahe kommt.

Nachtrag.

Nach Abschluß der vorliegenden Arbeit ist einem glücklichen Zufall zu verdanken gewesen, daß noch ein Beispiel gefunden wurde, aus dem mit besonderer Deutlichkeit der Einfluß des Temperaturverlaufes hervorgeht.

Es wurde eine Maschine IX untersucht, die dieselben Zylinderabmessungen besitzt, wie die Maschinen V und VI, '4 Zylinder hat, wie Maschine V, mit der die Ausführung überhaupt genau übereinstimmt, nur eine andere Umlaufzahl und eine andere Belastung aufwies. Sie arbeitete mit Teeröl nebst Gasölzusatz; der letztere war allerdings außergewöhnlich hoch, etwa ¹/₄ des Teeröles, weil zeitweise vorher recht schlechtes Gasöl geliefert war und die Pumpen seit dieser Zeit noch nicht wieder eingestellt waren.

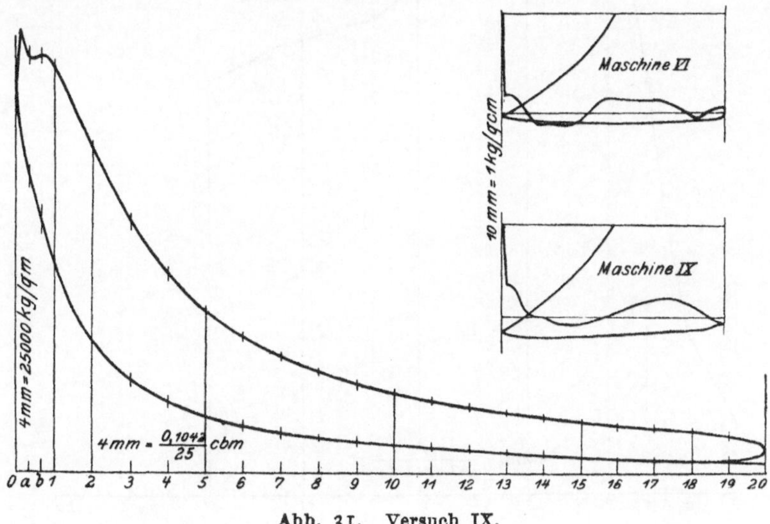

Abb. 31. Versuch IX.

Die mittlere Diagrammspannung war 6,05 kg/qcm. (Vergl. S. 7.)

Die Belastung von IX lag also zwischen der von V und VI, was auch aus dem Vergleich der Werte in Zeile 19, 31 und 32, Zahlentafel 1 hervorgeht. Der Wert q, Zeile 33, ist aber erheblich größer als bei der höher belasteten Maschine VI. Bildet man nach Seite 17 die Kennziffer, so erhält man den Wert 21,5, während

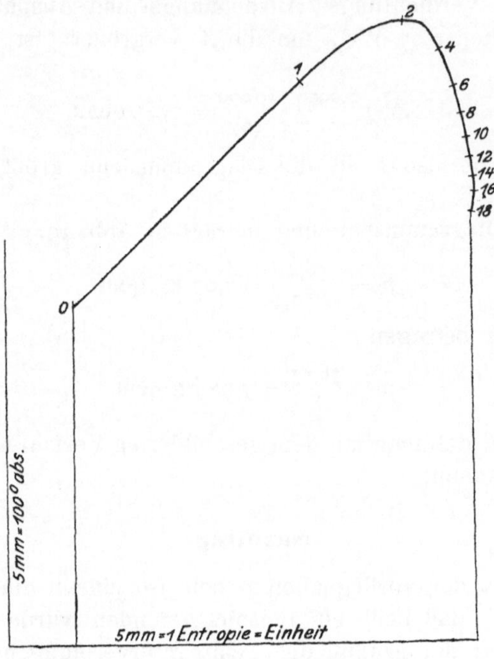

Abb. 32. Versuch IX. Wärmediagramm.

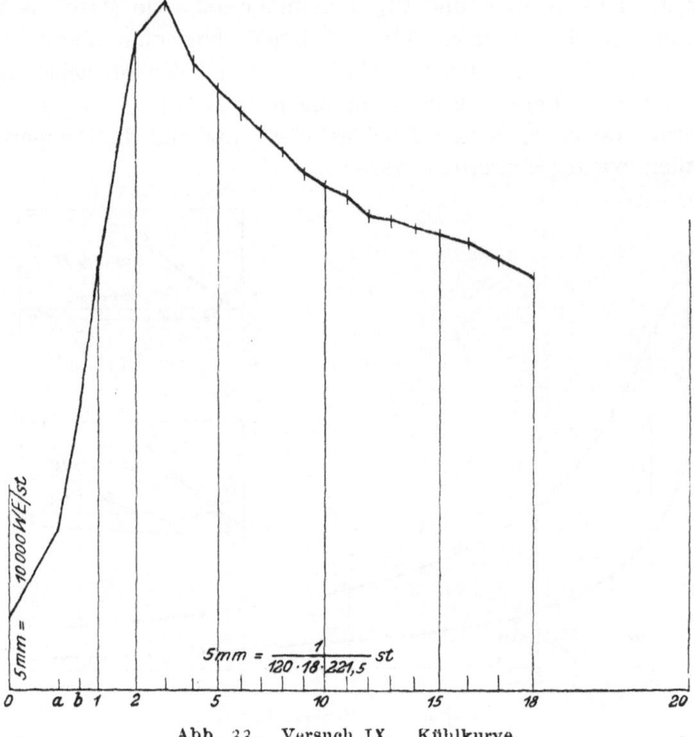

Abb. 33. Versuch IX. Kühlkurve.

$\frac{Q}{q} = 0{,}101$ ist. Im Vergleich mit den anderen Maschinen ist demnach $\frac{q}{Q}$ viel zu groß, denn $1000 \frac{q:Q}{K} = 4{,}7$.

Dieser Widerspruch kann erklärt werden. Vergleicht man die anderen Spalten der Zahlentafel 1 miteinander, so findet man zunächst in Zeile 7 einen Unterschied; die Maschine IX arbeitet mit außergewöhnlich günstigen Auspuffverhältnissen, so daß eine gute Füllung mit Luft erwartet werden sollte. Das Gegenteil ist der Fall, da Zeile 8 einen sehr hohen Saugunterdruck angibt, der durch Verschmutzung der Saugrohrschlitze hervorgerufen ist.

Des Vergleiches halber habe ich in Abb. 31 ein Schwachfederdiagramm von je einem Zylinder der Maschinen VI und IX beigefügt. Hieraus ergeben sich nun die geringen Werte in Zeile 10, 13 und 14, die hohe Temperatur in Zeile 16 und der kleine Sauerstoffüberschuß in Zeile 23. Nach dem letzteren zu urteilen, ist die Maschine trotz des kleinen Diagrammes in dem vorliegenden Zustande als fast voll belastet zu betrachten, was auch dadurch bestätigt wird, daß vor dem Versuch bei etwas höherer Belastung der Auspuff sichtbar rauchte. Bei der Versuchsbelastung ergibt jedoch das Wärmediagramm, Abb. 32, eine vollständige Verbrennung, die bei Ordinate 16 beendigt ist. Da nach dem Obigen die Verbrennungswärme des Oeles sich auf eine kleine Gasmenge verteilt, so sind hohe Temperaturen zu erwarten, wodurch der große Kühlverlust erklärt wäre.

Tatsächlich zeigt die Temperaturkurve, die in Abb. 13 eingetragen ist, trotz der kleineren Belastung wesentlich höhere Werte als die Kurve VI, sie überschreitet stellenweise sogar die Kurve IIb, die der höchsten bei den Versuchen angetroffenen Belastung entspricht, und wird nur übertroffen durch Kurve VIIa, deren absonderlicher Verlauf auf den ungünstigen Zerstäuber zurückzuführen ist.

Die Kühlkurve, Abb. 33, ergibt auch in diesem außergewöhnlichen Falle einen Wert $q' = \int F W dz$, Zeile 35 Tafel 1, der dem Werte q, Zeile 33, fast genau gleich ist, also eine weitere Bestätigung des gefundenen Wärmeübergangsgesetzes.

Der Verlauf der Verbrennung ist nach Zahlentafel 22 nicht ungünstig. Sie setzt recht kräftig ein, so daß bei Ordinate 5 schon 0,892 des Oeles verbrannt sind; im großen und ganzen ist sie ähnlich wie bei IIa.

Zahlen-

Zahlen-

	Versuch		I	IIa	IIb	III
1	Zylinderbohrung	D mm	290	280	280	280
2	Kolbenhub	S »	452	420	420	440
3	Umlaufzahl in 1 min	n	179	226,5	227	192
4	Hubraum	V cbm	0,02982	0,02586	0,02586	0,02708
5	Verdichtungsverhältnis	ε	15	14	14	14
6	Verdichtungsraum	V_c cbm	0,00213	0,00199	0,00199	0,00208
7	Auspuffspannung	p_r kg/qm	10 600	10 000	10 000	10 400
8	Ansaugespannung	p_a »	9 900	9 640	9 640	9 700
9	Temperatur } am Ende des Ansaugens	T_a ° abs.	325	325	325	325
10	Gasgewicht } am Ende des Ansaugens	G_1 kg	0,03322	0,02820	0,02820	0,02970
11	Treibölgewicht	$G_{öl}$ »	0,00107	0,00091	0,00110	0,00092
12	Einblaseluftgewicht	G_l »	0,00129	0,00110	0,00110	0,00111
13	Gesamtgewicht . . . $G_1 + G_{öl} + G_l = G$	»	0,03558	0,03021	0,03040	0,03173
14	Spannung } am Ende der Verdichtung	p_0 kg/qm	368 900	318 000	323 000	329 000
15	Gaskonstante } am Ende der Verdichtung	R_0	29,3	29,3	29,3	29,3
16	Temperatur } am Ende der Verdichtung	T_0 ° abs.	807	740	777	787
17	spez. Wärme } am Ende der Verdichtung	c_{v0}	0,155 + 0,000041 T	0,155 + 0,000041 T	0,155 + 0,000041 T	0,155 + 0,000041 T
18	vorhandene Gaswärme	J_0 WE	3,138	2,360	2,510	2,698
19	Wärme im Treiböl	Q »	10,650	9,090	11,090	9,190
20	Gaswärme der Einblaseluft	i »	0,030	0,026	0,026	0,027
21	Arbeit beim Einblasen	a »	0,057	0,048	0,053	0,050
22	Zusammensetzung des Abgases in Gewichtsteilen	N	0,742	0,742	0,737	0,741
23	Zusammensetzung des Abgases in Gewichtsteilen	O	0,126	0,127	0,104	0,125
24	Zusammensetzung des Abgases in Gewichtsteilen	CO_2	0,097	0,096	0,117	0,098
25	Zusammensetzung des Abgases in Gewichtsteilen	H_2O	0,035	0,035	0,042	0,036
26	Gaskonstante für Abgas	R_{18} (19)	29,27	29,27	29,24	29,27
27	spezifische Wärme für Abgas	c_{v18} (19)	0,1564 + 0,0000564 T	0,1565 + 0,0000563 T	0,1569 + 0,0000593 T	0,1566 + 0,000057 T
28	Spannung } am Ende der Ausdehnung	p_{18} (19)	33 000	34 700	39 900	34 700
29	Temperatur } am Ende der Ausdehnung	T_{18} (19)	965	993	1 132	989
30	Gaswärme des Abgases	J_{18} (19)	4,709	4,180	5,200	4,380
31	Ausdehnungsarbeit	A qcm	111,6	105,5	115,8	99,8
32	»	A WE	7,800	6,390	7,010	6,325
33	an das Kühlwasser verloren	q WE	1,366	0,954	1,469	1,260
34	dasselbe, aus der Kühlkurve berechnet	q' qcm	52,5	45,1	62,4	39,3
35	$q' = \int WF\,dg$	q' WE	1,360	0,922	1,274	0,948
36	Unterschied $q - q'$ in vH von q		0,5	3,3	13,3	24,7
37	Verbrennung laut Abbildung		beendigt	beendigt	nicht beendigt	nicht beendigt

tafeln.

tafel I.

IV	V	VI	VII a	VII b	VIII	Nachtrag IX	
375	510	510	500	500	320,5	510	1
570	510	510	800	800	640	510	2
167,7	232,3	216	167	167	208	221,5	3
0,0630	0,1042	0,1042	0,1610	0,1610	0,05167	0,1042	4
14	14,5	14,5	15	15	15	14,5	5
0,00485	0,0077	0,0077	0,0115	0,0115	0,00369	0,0077	6
10 000	11 200	11 100	10 000	10 000	11 800	9180	7
9 850	9 840	9 700	9 800	9 800	9 600	8300	8
325	325	325	325	315	325	325	9
0,07020	0,1156	0,1139	0,1776	0,1832	0,0558	0,09755	10
0,00199	0,00286	0,00425	0,00683	0,0040	0,00189	0,00372	11
0,00277	0,00450	0,00440	0,00690	0,0070	0,00211	0,00377	12
0,07496	0,1230	0,1225	0,1913	0,1942	0,0599	0,1050	13
326 600	333 800	337 000	368 900	372 900	352 400	318 000	14
29,3	29,3	29,3	29,3	29,3	29,3	29,3	15
770	760	778	815	798	795	859	16
0,155 + 0,000041 T	0,155 + 0,000041 T	0,155 + 0,000041 T	0,155 + 0,000041 T	0,155 + 0,000041 T	0,155 + 0,000041 T	0,155 + 0,000041 T	17
6,080	10,010	10,140	17,070	17,300	5,150	10,19	18
19,850	28,850	37,780	60,800	39,950	18,660	33,88	19
0,061	0,095	0,111	0,177	0,142	0,052	0,097	20
0,114	0,178	0,207	0,329	0,264	0,095	0,180	21
0,746	0,746	0,738	0,737	0,750	0,741	0,738	22
0,137	0,150	0,122	0,118	0,159	0,121	0,116	23
0,086	0,076	0,119	0,124	0,067	0,103	0,119	24
0,031	0,028	0,021	0,021	0,024	0,035	0,027	25
29,28	29,28	28,81	28,78	29,29	29,27	28,92	26
0,1563 + 0,0000548 T	0,1561 + 0,0000533 T	0,1543 + 0,0000552 T	0,1541 + 0,0000557 T	0,1558 + 0,0000507 T	0,1566 + 0,000057 T	0,155 + 0,0000565 T	27
33 750	31 625	37 400	35 800	28 000	36 400	32 600	28
948	893	1 076	1 070	803	1 045	1 089	29
9,600	14,260	18,84	29,20	18,850	8,98	16,60	30
98,4	94,9	108,0	114,80	95,1	109,9	99,7	31
14,520	23,180	26,36	43,26	35,870	13,300	24,32	32
1,985	1,693	3,038	5,916	2,666	1,677	3,427	33
62,7	76,2	136,2	213,1	93,9	76,3	165,7	34
1,731	1,519	2,921	5,910	2,603	1,654	3,465	35
12,3	10,2	3,8	0,1	2,3	1,3	1,1	36
nicht beendigt	nicht beendigt	beendigt	beendigt	beendigt	beendigt	beendigt	37

Zahlentafel 2. Versuch I.

Ordinate	p kg/qm	V cbm	G kg	R	T ⁰ abs.	a	b	k	S
0	368 900	0,00213	0,03322	29,3	807	0,155	0,000041	1,442	0,24
1	345 100	0,00362	0,03480	29,29	1225	0,1556	0,0000474	1,441	2,12
2	302 900	0,00511	0,03558	29,28	1485	0,1560	0,0000525	1,440	3,20
4	184 500	0,00809	»	29,27	1432	0,1562	0,0000540	»	3,43
6	121 000	0,01108	»	»	1286	0,1563	0,0000550	»	3,55
8	89 000	0,01406	»	»	1201	»	0,0000552	»	3,57
10	69 500	0,01704	»	»	1135	»	0,0000554	1,439	3,58
12	56 300	0,02002	»	»	1080	»	0,0000556	»	3,60
14	47 400	0,02300	»	»	1046	0,1564	0,0000559	»	3,64
16	40 900	0,02599	»	»	1020	»	0,0000562	»	3,68
18	35 400	0,02897	»	»	985	»	0,0000564	»	3,68
19	33 000	0,03046	»	»	965	»	»	»	3,66

Zahlentafel 3. Versuch IIa.

Ordinate	p kg/qm	V cbm	G kg	R	T ⁰ abs.	a	b	k	S
0	318 000	0,00199	0,0282	29,3	740	0,1550	0,0000410	1,442	0,16
1	323 700	0,00328	0,0296	29,29	1225	0,1557	0,0000478	1,440	1,83
2	277 200	0,00458	0,0302	29,28	1434	0,1561	0,0000521	1,439	2,66
4	175 000	0,00716	»	29,27	1416	0,1563	0,0000539	»	3,05
6	117 500	0,00975	»	»	1298	0,1563	0,0000548	»	3,06
8	86 900	0,01232	»	»	1210	0,1564	0,0000551	1,438	3,08
10	68 100	0,01491	»	»	1150	0,1564	0,0000553	»	3,10
12	55 300	0,01750	»	»	1096	0,1564	0,0000556	»	3,11
14	46 800	0,02008	»	»	1065	0,1565	0,0000559	»	3,15
16	40 000	0,02267	»	»	1026	»	0,0000561	»	3,16
18	34 700	0,02525	»	»	993	»	0,0000563	»	3,16

Zahlentafel 4. Versuch IIb.

Ordinate	p kg/qm	V cbm	G kg	R	T ⁰ abs.	a	b	k	S
0	323 000	0,00199	0,0282	29,30	777	0,1550	0,0000410	1,442	0,20
1	357 500	0,00328	0,0296	29,26	1354	0,1558	0,0000490	1,440	2,11
2	301 400	0,00458	0,0304	29,25	1549	0,1563	0,0000536	1,439	2,92
4	193 000	0,00716	»	»	1555	0,1565	0,0000556	»	3,37
6	130 100	0,00975	»	»	1425	0,1566	0,0000568	»	3,40
8	96 500	0,01232	»	»	1335	0,1567	0,0000571	»	3,42
10	75 300	0,01491	»	»	1260	»	0,0000574	1,438	3,42
12	61 750	0,01750	»	29,24	1215	0,1568	0,0000578	»	3,45
14	52 200	0,02008	»	»	1177	0,1569	0,0000581	»	3,49
16	45 300	0,02267	»	»	1154	»	0,0000586	»	3,54
18	39 900	0,02525	»	»	1132	»	0,0000590	»	3,59

Zahlentafel 5. Versuch III.

Ordinate	p kg/qm	V cbm	G kg	R	T ⁰ abs.	a	b	k	S
0	329 000	0,00208	0,02970	29,30	787	0,1550	0,0000410	1,442	0,26
1	329 400	0,00343	0,03106	29,29	1244	0,1557	0,0000483	1,441	1,95
2	262 500	0,00479	0,03173	»	1352	0,1561	0,0000511	1,440	2,59
4	156 300	0,00750	»	29,28	1260	0,1562	0,0000527	1,439	2,82
6	108 300	0,01020		»	1193	0,1563	0,0000537	»	2,94
8	80 900	0,01291	»	»	1124	0,1564	0,0000545	»	3,01
10	64 800	0,01562	»	29,27	1089	»	0,0000548	1,438	3,09
12	53 500	0,01833	»	»	1056	0,1565	0,0000552	»	3,16
14	45 900	0,02104	»	»	1040	»	0,0000557	»	3,25
16	39 600	0,02374	»	»	1013	0,1566	0,0000562	»	3,29
18	34 700	0,02645	»	»	989	»	0,0000566	»	3,32

Zahlentafel 6. Versuch IV.

Ordinate	p kg/qm	V cbm	G kg	R	T ⁰ abs.	a	b	k	S
0	326 600	0,00485	0,07020	29,3	770	0,1550	0,0000410	0,1442	0,41
1	327 100	0,00800	0,07335	29,29	1217	0,1556	0,0000477	0,1440	4,43
2	259 400	0,01115	0,07491	29,29	1319	0,1559	0,0000506	0,1439	5,86
4	155 900	0,01745	»	29,28	1240	0,1561	0,0000518	»	6,56
6	107 500	0,02375	»	»	1164	»	0,0000526	»	6,72
8	79 900	0,03005	»	»	1095	0,1562	0,0000530	0,1438	6,83
10	63 600	0,03635	»	»	1056	»	0,0000534	»	7,00
12	52 400	0,04265	»	»	1021	»	0,0000538	»	7,14
14	44 730	0,04895	»	»	999	»	0,0000541	»	7,30
16	38 500	0,05525	»	»	971	»	0,0000545	»	7,38
18	33 750	0,06155	»	»	948	»	0,0000548	»	7,46

Zahlentafel 7. Versuch V.

Ordinate	p kg/qm	V cbm	G kg	R	T ^{0} abs.	a	b	k	S
0	333 800	0,00772	0,1156	29,3	760	0,1550	0,0000410	1,442	0,45
1	320 500	0,01293	0,1206	29,29	1172	0,1556	0,0000473	1,4405	6,76
2	246 200	0,01814	0,1230	29,29	1240	0,1558	0,0000499	1,440	8,85
4	145 200	0,02856	»	29,28	1150	0,1559	0,0000508	1,439	9,70
6	99 000	0,03898	»	»	1070	»	0,0000514	»	10,04
8	74 680	0,04940	»	»	1024	0,1560	0,0000518	»	10,43
10	59 420	0,05982	»	»	987	»	0,0000522	»	10,74
12	48 950	0,07024	»	»	954	»	0,0000525	»	10,96
14	41 500	0,08066	»	»	930	0,1561	0,0000528	»	11,24
16	35 925	0,09108	»	»	911	»	0,0000531	»	11,39
18	31 625	0,10150	»	»	893	»	0,0000533	»	11,57

Zahlentafel 8. Versuch VI.

Ordinate	p kg/qm	V cbm	G kg	R	T ^{0} abs.	a	b	k	S
0	337 000	0,00772	0,1139	29,3	778	0,155	0,000041	1,442	0,72
1	348 600	0,01293	0,1197	29,1	1294	0,1547	0,0000476	1,440	7,81
2	278 300	0,01814	0,1225	29,0	1421	0,1545	0,0000506	1,439	10,43
4	171 000	0,02856	»	28,9	1376	0,1544	0,0000521	»	11,78
6	119 200	0,03898	»	»	1312	»	0,0000531	1,438	12,38
8	89 300	0,04940	»	28,85	1247	0,1543	0,0000537	»	12,68
10	71 200	0,05982	»	»	1217	»	0,0000541	»	13,03
12	58 600	0,07024	»	»	1165	»	0,0000543	1,437	13,16
14	49 900	0,08066	»	28,81	1141	»	0,0000546	»	13,41
15	43 300	0,09108	»	»	1117	»	0,0000549	»	13,91
18	37 400	0,10150	»	»	1076	»	0,0000554	»	13,59

Zahlentafel 9. Versuch VIIa.

Ordinate	p kg/qm	V cbm	G kg	R	T ^{0} abs.	a	b	k	S
0	368 900	0,01150	0,1776	29,30	815	0,1550	0,0000410	1,442	1,46
1	319 400	0,01960	0,1868	29,10	1156	0,1547	0,0000459	1,441	10,02
2	264 300	0,02760	0,1913	29,00	1316	0,1545	0,0000491	1,440	14,59
4	186 000	0,04370	»	28,90	1465	0,1543	0,0000522	1,439	19,43
6	131 600	0,05980	»	28,80	1425	0,1542	0,0000540	1,438	20,87
8	99 000	0,07590	»	»	1360	0,1541	0,0000546	»	21,33
10	78 600	0,09200	»	»	1314	»	0,0000552	»	21,77
12	64 600	0,10810	»	»	1270	»	0,0000554	1,437	22,01
14	54 000	0,12420	»	28,78	1220	»	0,0000556	»	22,09
16	45 200	0,14030	»	»	1153	»	0,0000557	»	21,72
18	38 400	0,15640	»	»	1091	»	»	»	21,38
19	35 800	0,16445	»	»	1070	»	»	»	21,29

Zahlentafel 10. Versuch VIIb.

Ordinate	p kg/qm	V cbm	G kg	R	T ^{0} abs.	a	b	k	S
0	372 900	0,01150	0,1832	29,30	798	0,1550	0,0000410	1,442	1,11
1	280 400	0,01960	0,1906	»	980	0,1553	0,0000443	»	7,32
2	234 100	0,02760	0,1942	29,29	1135	0,1555	0,0000471	1,441	11,96
4	152 600	0,04370	»	»	1173	0,1557	0,0000488	»	15,23
6	105 500	0,05980	»	»	1108	»	0,0000499	»	16,11
8	78 600	0,07590	»	»	1049	0,1558	0,0000502	»	16,55
10	61 600	0,09200	»	»	996	»	0,0000505	»	16,78
12	50 200	0,10810	»	»	953	»	0,0002506	»	17,00
14	41 600	0,12420	»	»	909	»	0,0000507	»	16,94
16	35 300	0,14030	»	»	869	»	»	»	16,91
18	30 000	0,15640	»	»	823	»	»	»	16,62
19	28 000	0,16445	»	»	803	»	»	»	16,59

Zahlentafel 11. Versuch VIII.

Ordinate	p kg/qm	V cbm	G kg	R	T ^{0} abs.	a	b	k	S
0	352 400	0,00369	0,0558	29,30	795	9,1550	0,0000410	1,442	0,40
1	350 600	0,00627	0,0586	29,29	1282	0,1557	0,0000484	1,440	3,80
2	284 000	0,00885	0,0599	29,28	1432	0,1561	0,0000523	1,439	5,20
4	173 000	0,01402	»	»	1383	0,1563	0,0000539	1,438	5,87
6	120 300	0,01919	»	29,27	1315	0,1565	0,0000549	»	6,16
8	89 800	0,02435	»	»	1246	0,1566	0,0000554	1,437	6,28
10	70 700	0,02952	»	»	1191	»	0,0000559	»	6,36
12	58 400	0,03469	»	»	1154	»	0,0000562	»	6,48
14	48 900	0,03986	»	»	1113	»	0,0000565	»	6,61
16	42 100	0,04502	»	»	1083	»	0,0000570	»	6,59
18	36 400	0,05019	»	»	1045	»	»	»	6,56

Nachtrag. Versuch IX.

Ordinate	p kg/qm	V cbm	G kg	R	T ⁰ abs.	a	b	k	S
0	318 000	0,00772	0,09755	29,3	859	0,155	0,0000410	1,442	1,78
1	328 000	0,01293	0,10255	29,1	1420	»	0,0000487	1,440	7,86
2	264 000	0,01814	0,1051	29,0	1571	»	0,0000528	1,439	10,59
4	160 000	0,02856	»	»	1499	»	0,0000540	1,438	11,56
6	110 000	0,03898	»	»	1408	»	0,0000549	1,437	11,91
8	82 400	0,04940	»	»	1335	»	0,0000553	»	12,10
10	64 700	0,05982	»	28,95	1273	»	0,0000557	»	12,20
12	53 000	0,07024	»	»	1224	»	0,0000560	»	12,30
14	44 500	0,08066	»	»	1178	»	0,0000563	»	12,39
16	38 000	0,09108	»	28,92	1139	»	0,0000564	»	12,41
18	32 600	0,10150	»	»	1089	»	0,0000565	»	12,30

Zahlentafel 12. Versuch I.

Ordinate	p kg/qm	V cbm	G kg	T ⁰ abs.	F qm	W WE/qm st	FW WE/st
0	368 900	0,00213	0,03322	807	0,1614	33 300	5 400
a	344 900	0,00263	0,03401	910	0,1683	50 000	8 400
b	344 000	0,00313	0,03480	1066	0,1752	82 500	14 500
1	345 100	0,003621	»	1225	0,1820	129 600	23 600
2	302 900	0,005112	0,03558	1485	0,2026	251 000	50 800
3	235 500	0,006603	»	1492	0,2232	255 500	56 900
4	184 500	0,008094	»	1432	0,2438	221 000	53 800
5	145 500	0,009585	»	1338	0,2644	175 500	46 400
6	121 000	0,011076	»	1286	0,2850	153 000	43 600
7	102 700	0,012567	»	1240	0,3056	135 500	41 400
8	89 000	0,014058	»	1201	0,3262	121 500	39 600
9	78 400	0,015549	»	1169	0,3468	111 000	38 500
10	69 500	0,017040	»	1135	0,3674	100 500	36 900
11	62 500	0,018531	»	1110	0,3880	93 500	36 300
12	56 300	0,020022	»	1080	0,4086	85 500	34 900
13	51 500	0,021512	»	1063	0,4292	81 500	34 900
14	47 400	0,023004	»	1046	0,4498	77 200	35 200
15	44 000	0,024495	»	1034	0,4704	74 600	35 100
16	40 900	0,025986	»	1020	0,4910	71 300	35 000
17	38 000	0,027477	»	1002	0,5116	67 400	34 500
18	35 400	0,028968	»	985	0,5322	63 600	33 700
19	33 000	0,030459	»	965	0,5528	59 700	33 000

Zahlentafel 13. Versuch IIa.

Ordinate	p kg/qm	V cbm	G kg	T ⁰ abs.	F qm	W WE/qm st	FW WE/st
0	318 000	0,00199	0,0282	740	0,1514	27 500	4 200
a	341 300	0,00242	0,0289	976	0,1576	62 000	9 800
b	318 500	0,00285	0,0296	1047	0,1637	77 500	12 700
1	323 700	0,00328	»	1225	0,1699	130 000	22 100
2	277 200	0,00458	0,0302	1434	0,1884	223 000	42 000
3	225 000	0,00587	»	1492	0,2068	256 000	52 900
4	175 000	0,00716		1416	0,2253	209 000	49 200
5	140 000	0,00846	»	1342	0,2438	178 000	43 300
6	117 500	0,00975	»	1298	0,2623	158 000	41 600
7	100 000	0,01104	»	1250	0,2808	139 000	39 000
8	86 900	0,01232	»	1210	0,2992	125 000	37 400
9	76 300	0,01362	»	1178	0,3177	114 000	36 200
10	68 100	0,01491	»	1150	0,3362	105 000	35 300
11	61 100	0,01620	»	1122	0,3547	97 000	34 400
12	55 300	0,01750	»	1096	0,3732	90 000	33 600
13	50 600	0,01879	»	1078	0,3916	85 000	33 000
14	46 800	0,02008	»	1065	0,4101	82 000	33 600
15	43 200	0,02138	»	1045	0,4286	77 000	33 000
16	40 000	0,02267	»	1026	0,4471	72 500	32 400
17	37 100	0,02396	»	1006	0,4656	68 000	31 600
18	34 700	0,02525	»	993	0,4841	65 500	31 700

Zahlentafel 14. Versuch IIb.

Ordinate	*p* kg/qm	*V* cbm	*G* kg	*T* ^{0} abs.	*F* qm	*W* WE/qm st	*FW* WE/st
0	323 000	0,00199	0,0282	777	0,1514	32 000	4 850
a	352 500	0,00242	0,0289	1007	0,1576	68 000	10 700
b	345 000	0,00285	0,0296	1135	0,1637	100 000	16 370
1	357 500	0,00328	»	1354	0,1699	183 000	31 100
2	301 400	0,00458	0,0304	1549	0,1884	289 000	54 400
3	247 500	0,00587	»	1631	0,2068	335 000	69 200
4	193 000	0,00716	»	1555	0,2253	291 000	65 600
5	155 800	0,00846	»	1480	0,2438	248 000	60 400
6	130 100	0,00975	»	1425	0,2623	218 000	57 200
7	114 000	0,01104	»	1380	0,2808	195 000	54 700
8	96 500	0,01232	»	1335	0,2992	175 000	52 300
9	84 400	0,01362	»	1292	0,3177	156 000	49 500
10	75 300	0,01491	»	1260	0,3362	143 000	48 100
11	67 700	0,01620	»	1233	0,3547	133 000	47 200
12	61 750	0,01750	»	1215	0,3732	126 000	47 100
13	56 500	0,01879	»	1193	0,3916	119 000	46 600
14	52 200	0,02008	»	1177	0,4101	114 000	46 800
15	48 800	0,02138	»	1171	0,4286	111 000	47 600
16	45 300	0,02267	»	1154	0,4471	107 000	47 800
17	42 500	0,02396	»	1143	0,4656	103 000	48 000
18	39 900	0,02525	»	1132	0,4841	100 000	48 400

Zahlentafel 15. Versuch III.

Ordinate	*p* kg/qm	*V* cbm	*G* kg	*T* ^{0} abs.	*F* qm	*W* WE/qm st	*FW* WE/st
0	329 000	0,00208	0,0297	787	0,1528	34 500	5 300
a	347 800	0,00253	0,03038	989	0,1593	65 000	10 300
b	340 800	0,00298	0,03106	1116	0,1657	95 000	15 700
1	329 400	0,00343	0,03106	1244	0,1722	137 000	23 600
2	262 500	0,00479	0,03173	1352	0,1915	182 000	34 900
3	197 400	0,00614	»	1303	0,2109	161 000	33 900
4	156 300	0,00750	»	1260	0,2302	143 000	32 900
5	128 000	0,00885	»	1218	0,2496	128 000	31 900
6	108 300	0,01020	»	1193	0,2689	119 000	32 000
7	92 800	0,01156	»	1154	0,2883	107 000	30 900
8	80 900	0,01291	»	1124	0,3076	98 000	30 100
9	72 300	0,01427	»	1109	0,3270	94 000	30 700
10	64 800	0,01562	»	1089	0,3463	88 000	30 500
11	58 400	0,01697	»	1068	0,3657	83 000	30 300
12	53 500	0,01833	»	1056	0,3850	80 000	30 800
13	49 400	0,01968	»	1047	0,4044	77 000	31 200
14	45 900	0,02104	»	1040	0,4237	76 000	32 200
15	42 400	0,02239	»	1022	0,4431	72 000	31 900
16	39 600	0,02374	»	1013	0,4624	70 000	32 400
17	37 100	0,02510	»	1003	0,4818	67 500	32 500
18	34 700	0,02645	»	989	0,5011	65 000	32 600

Zahlentafel 16. Versuch IV.

Ordinate	*p* kg/qm	*V* cbm	*G* kg	*T* ^{0} abs.	*F* qm	*W* WE/qm st	*FW* WE/st
0	326 600	0,00485	0,0702	770	0,2727	31 000	8 500
a	335 000	0,00590	0,07177	940	0,2839	55 000	15 400
b	340 900	0,00695	0,07335	1102	0,2951	91 000	26 900
1	327 100	0,90800	»	1217	0,3063	126 000	38 600
2	259 400	0,01115	0,07491	1319	0,3399	168 000	57 100
3	197 600	0,01430	»	1290	0,3735	155 000	57 900
4	155 900	0,01745	»	1240	0,4071	135 000	55 000
5	127 900	0,02060	»	1201	0,4407	122 000	53 800
6	107 500	0,02375	»	1164	0,4743	110 000	52 200
7	91 800	0,02690	»	1126	0,5079	98 000	49 800
8	79 900	0,03005	»	1095	0,5415	90 000	48 800
9	71 000	0,03320	»	1076	0,5751	85 000	48 900
10	63 600	0,03635	»	1056	0,6087	79 000	48 100
11	57 400	0,03950	»	1035	0,6423	74 000	47 500
12	52 400	0,04265	»	1021	0,6759	71 000	48 000
13	48 260	0,04580	»	1010	0,7095	69 000	49 000
14	44 730	0,04895	»	999	0,7431	67 000	49 900
15	41 400	0,05210	»	984	0,7767	64 000	49 700
16	38 500	0,05525	»	971	0,8103	61 000	49 400
17	35 920	0,05840	»	958	0,8439	58 000	49 000
18	33 750	0,06155	»	948	0,8775	56 000	49 200

Zahlentafel 17. Versuch V

Ordinate	p kg/qm	V cbm	G kg	T ⁰ abs.	F qm	W WE/qm st	FW WE/st
0	333 800	0,00772	0,1156	760	0,469	32 000	15 000
a	359 400	0,00946	0,1181	982	0,474	63 000	29 900
b	343 500	0,01120	0,1206	1088	0,496	87 500	43 400
1	320 500	0,01293	0,1206	1172	0,510	113 000	57 600
2	246 200	0,01814	0,1230	1240	0,551	135 000	74 100
3	184 500	0,02335	»	1195	0,591	120 000	70 900
4	145 200	0,02856	»	1150	0,632	105 000	66 400
5	117 900	0,03377	»	1104	0,672	92 000	61 800
6	99 000	0,03898	»	1070	0,713	83 000	59 200
7	85 100	0,04419	»	1045	0,754	77 000	58 100
8	74 680	0,04940	»	1024	0,795	72 000	57 200
9	66 320	0,05461	»	1005	0,836	68 000	56 800
10	59 420	0,05982	»	987	0,877	64 000	56 100
11	53 620	0,06503	»	968	0,918	60 000	55 100
12	48 950	0,07024	»	954	0,958	57 000	54 600
13	44 880	0,07545	»	939	0,999	55 000	54 900
14	41 500	0,08066	»	930	1,039	53 000	55 000
15	38 500	0,08587	»	919	1,080	51 000	55 100
16	35 925	0,09108	»	911	1,121	50 000	56 000
17	33 620	0,09629	»	901	1,162	49 000	56 900
18	31 625	0,10150		893	1,203	47 000	56 600

Zahlentafel 18. Versuch VI.

Ordinate	p kg/qm	V cbm	G kg	T ⁰ abs.	F qm	W WE/qm st	FW WE/st
0	337 000	0,00772	0,1139	778	0,469	33 500	15 700
a	362 000	0,00946	0,1168	1001	0,474	67 000	31 800
b	363 000	0,01120	0,1197	1163	0,496	109 000	54 100
1	348 600	0,01293	»	1294	0,510	156 000	79 600
2	278 300	0.01814	0,1225	1421	0,551	215 000	118 500
3	215 700	0,02335	»	1418	0,591	214 000	126 400
4	171 000	0,02856	»	1376	0,632	194 000	122 500
5	140 600	0,03377	»	1341	0,672	177 000	119 000
6	119 200	0,03898	»	1312	0,713	164 000	116 900
7	101 800	0,04419	»	1270	0,754	146 500	110 500
8	89 300	0,04940	»	1247	0,795	138 000	109 700
9	79 500	0,05461	»	1227	0,836	130 000	108 700
10	71 200	0,05982	»	1217	0,877	122 000	107 000
11	64 200	0,06503	»	1183	0,918	116 000	106 500
12	58 600	0,07024	»	1165	0,958	110 000	105 400
13	54 000	0,07545	»	1153	0,999	106 000	105 900
14	49 900	0,08066	»	1141	1,039	102 000	105 900
15	46 400	0,08587	»	1129	1,080	99 000	107 900
16	43 300	0,09108	»	1117	1,121	95 500	107 100
17	40 500	0,09629	»	1105	1,162	92 500	107 500
18	37 400	0,10150	»	1076	1,203	89 000	107 000

Zahlentafel 19. Versuch VIIa.

Ordinate	p kg/qm	V cbm	G kg	T ⁰ abs.	F qm	W WE/qm st	FW WE/st
0	368 900	0,0115	0,1776	815	0,4846	36 000	17 400
a	359 800	0,0142	0,1822	960	0,5061	59 000	29 900
b	339 700	0,0169	0,1868	1056	0,5276	79 500	41 900
1	319 400	0,0196	»	1156	0,5490	107 000	58 800
2	264 300	0,0276	0,1913	1316	0,6134	165 000	101 300
3	221 700	0,03565	»	1424	0,6778	218 000	147 700
4	186 000	0,04370	«	1465	0,7422	239 000	177 400
5	156 000	0,05175	»	1460	0,8066	236 000	190 300
6	131 600	0,05980	»	1425	0,8711	218 000	189 900
7	113 200	0,06785	»	1390	0.9353	200 000	187 000
8	99 000	0,07590	»	1360	0,9998	186 000	186 000
9	87 900	0,08395	»	1335	1,0642	174 500	185 600
10	78 600	0,09200	»	1314	1,1280	165 000	186 000
11	70 900	9,10005	»	1289	1,1924	155 000	184 800
12	64 600	0,10810	»	1270	1,2568	147 000	184 600
13	59 000	0,11615	»	1245	1,3212	137 000	181 000
14	54 000	0,12420	»	1220	1,3856	128 000	177 300
15	49 300	0,13225	»	1185	1,4500	116 000	168 100
16	45 200	0,14030	»	1153	1,5144	106 000	160 500
17	41 600	0,14835	»	1121	1,5788	97 000	153 000
18	38 400	0,15640	»	1091	1,6432	89 000	146 300
19	35 800	0,16445	»	1070	1,7076	83 000	141 600

Zahlentafel 20. Versuch VIIb.

Ordinate	p kg/qm	V cbm	G kg	T ⁰ abs.	F qm	W WE/qm st	FW WE/st
0	372 900	0,01150	0,1832	798	0,4846	35 000	17 000
a	317 200	0,01420	0,1869	821	0,5061	37 000	18 700
b	295 300	0,01690	0,1906	890	0.5276	47 000	24 800
1	280 400	0,01960	»	980	0,5490	63 000	34 600
2	234 100	0,02760	0,1942	1135	0,6134	100 000	61 300
3	192 600	0,03565	»	1207	0,6778	123 000	83 300
4	152 600	0,04370	»	1173	0,7422	113 000	83 900
5	125 200	0,05175	»	1139	0,8066	102 000	82 300
6	105 500	0,05980	»	1108	0,8711	93 000	81 000
7	90 800	0,06785	»	1084	0,9353	87 000	81 400
8	78 600	0,07590	»	1049	0,9998	78 000	78 000
9	69 300	0,08395	»	1022	1,0642	71 000	75 500
10	61 600	0,09200	»	996	1,1280	66 000	74 400
11	55 400	0,10005	»	975	1,1924	62 000	73 900
12	50 200	0,10810	»	953	1,2568	57 000	71 600
13	45 600	0,11615	»	931	1,3212	53 000	70 000
14	41 600	0,12420	»	909	1,3856	50 000	69 300
15	38 100	0,13225	»	886	1,4500	46 000	66 700
16	35 300	0,14030	»	869	1,5144	43 000	65 100
17	32 400	0,14835	»	844	1,5788	40 000	63 100
18	30 000	0,15640	»	823	1,6432	37 000	60 700
19	28 000	0,16445	»	803	1,7076	35 000	59 700

Zahlentafel 21. Versuch VIII.

Ordinate	p kg/qm	V cbm	G kg	T ⁰ abs.	F qm	W WE/qm st	FW WE/st
0	352 400	0,00369	0,0558	795	0,2068	34 000	7 000
a	414 500	0,00455	0,0572	1126	0,2176	98 000	21 300
b	393 100	0,00541	0,0586	1240	0,2283	135 000	30 800
1	350 600	0,00627	0,0586	1282	0,2390	154 000	36 800
2	284 000	0,00885	0,0599	1432	0.2716	222 000	60 300
3	218 400	0,01144	»	1424	0,3033	218 000	66 000
4	173 000	0,01402	»	1383	0,3354	199 000	66 700
5	142 000	0,01660	»	1343	0,3676	178 000	65 400
6	120 300	0,01919	»	1315	0,3997	165 000	65 900
7	103 000	0,02177	»	1278	0,4319	150 000	64 800
8	89 800	0,02435	»	1246	0,4640	137 000	63 600
9	79 200	0,02694	»	1217	0,4962	127 000	63 000
10	70 700	0,02952	»	1191	0,5283	118 000	62 400
11	63 900	0,03210	»	1169	0,5605	111 000	62 100
12	58 400	0,03469	»	1154	0,5926	106 000	62 800
13	53 200	0,03727	»	1130	0,6248	99 000	61 900
14	48 900	0,03986	»	1113	0,6569	95 000	62 400
15	45 200	0,04244	»	1096	0,6891	89 000	61 300
16	42 100	0,04502	»	1083	0,7212	86 000	62 000
17	39 300	0,04761	»	1069	0,7534	82 000	61 700
18	36 400	0,05019	»	1045	0,7855	77 000	60 500

Nachtrag. Versuch IX.

Ordinate	p kg/qm	V cbm	G kg	T ⁰ abs.	F qm	W WE/qm st	FW WE/st
0	318 000	0,00772	0,09755	859	0,469	42 000	19 700
a	336 000	0,00946	0,10005	1089	0,474	88 000	41 700
b	339 000	0,01120	0,10255	1267	0,496	146 000	72 400
1	328 000	0,01293	»	1420	0,510	215 000	109 600
2	264 000	0,01814	0,1051	1571	0,551	305 000	168 000
3	204 000	0,02335	»	1563	0,591	300 000	177 200
5	160 000	0,02856	»	1499	0,632	260 000	161 200
5	130 500	0,03377	»	1449	0,672	230 000	154 600
6	110 000	0,03898	»	1408	0,713	209 000	149 000
7	94 600	0,04419	»	1372	0,754	191 000	138 600
8	82 400	0,04940	»	1335	0,795	174 500	144 000
9	72 500	0,05461	»	1300	0,836	159 000	133 000
10	64 700	0,05982	»	1273	0,877	148 000	129 800
11	58 400	0,06503	»	1248	0,918	138 000	126 700
12	53 000	0,07024	»	1224	0,958	127 500	122 100
13	48 300	0,07545	»	1198	0,999	121 000	120 800
14	44 500	0,08066	»	1178	1,039	114 000	118 500
15	41 000	0,08587	»	1158	1,080	108 000	116 600
16	38 000	0,09108	»	1139	1,121	102 000	114 500
17	35 200	0,09629	»	1115	1,162	95 000	110 400
18	32 600	0,10150	»	1089	1,203	88 000	105 800

Zahlen-

	Versuch		I	II a	II b	III
1	Gaswärme . . . . J_0	WE	3,138	2,360	2,510	2,698
2	» . . . . J_1	»	6,345	5,395	6,255	5,795
3	» . . . . J_2	»	8,730	7,030	7,960	6,760
4	» . . . . J_5	»	7,595	6,470	7.575	5,880
5	» . . . . J_{10}	»	5,982	5,167	6,020	5,015
6	» . . . . J_{15}	»	5,225	4,507	5,435	4,580
7	» . . . . $J_{18 \text{ od. } 19}$	»	4,709	4,180	5,200	4,380
8	durch Einblasen zugeführte Wärme und Arbeit $i + a$	WE	0,087	0,074	0,079	0,077
9	geleistete Arbeit . . . . A_1	WE	1,202	1,000	1,065	1,070
10	» » . . . . A_2	»	1,153	0,945	1,011	0,927
11	» » . . . . A_5	»	2,223	1,811	2,010	1,745
12	» » . . . . A_{10}	»	1,706	1,448	1,610	1,404
13	» » . . . . A_{15}	»	0,985	0,817	0,908	0,826
14	» » . . . . $A_{18 \text{ od. } 19}$	»	0,531	0,369	0,406	0,353
15	» » . . . . A	WE	7,800	6,390	7,010	6,325
16	durch Kühlung abgeführte Wärme q_1	WE	0,062	0,049	0,058	0,069
17	» » » » q_2	»	0,096	0,070	0,090	0,074
18	» » » » q_5	»	0,297	0,211	0,287	0,181
19	» » » » q_{10}	»	0,305	0,237	0,313	0,231
20	» » » » q_{15}	»	0,281	0,220	0,306	0,244
21	» » » » $q_{18 \text{ od. } 19}$	»	0,325	0,167	0,246	0,201
22	» » » » q''	WE	1,366	0,954	1,300	1,000
23	durch Verbrennung erzeugte Wärme Q_1	WE	4,413	4,034	4,826	4,184
24	» » » » Q_2	»	3,605	2,626	2,769	1,941
25	» » » » Q_5	»	1,385	1,462	1,912	1,046
26	» » » » Q_{10}	»	0,398	0,382	0,368	0,770
27	» » » » Q_{15}	»	0,509	0,377	0,629	0,635
28	» » » » $Q_{18 \text{ od. } 19}$	»	0,340	0,209	0,417	0,354
29	» » » » Q	WE	10,650	9,090	10,921	8,930
30	Q_1 in vH von Q		41,5	44,4	43,5	45,5
31	Q_2 » » » »		33,8	28,9	25,0	21,1
32	Q_5 » » » »		13,0	16,1	17,3	11,4
33	Q_{10} » » » »		3,7	4,2	3,3	8,4
34	Q_{15} » » » »		4,8	4,1	5,7	6,9
35	$Q_{18 \text{ od. } 19}$ » » » »		3,2	2,3	3,8	3,9
			100,0	100,0	98,7	97,2

tafel 22.

IV	V	VI	VIIa	VIIb	VIII	Nachtrag IX	
6,080	10,010	10,140	17,070	17,030	5,150	10,19	1
13,240	20,580	23,480	30,910	24,670	11,430	23,10	2
15,360	23,020	27,740	38,700	31,590	13,940	27,79	3
13,540	19,530	25,780	45,510	32,090	12,850	24,97	4
11,235	16,585	22,520	39,380	26,380	10,850	20,47	5
10,140	14,905	20,210	33,970	22,050	9,620	18,15	6
9,600	14,260	18,840	29,200	18,850	8,980	16,60	7
0,175	0,273	0,318	0,506	0,406	0,147	0,277	8
2,471	4,202	4,402	6,705	5,824	2,304	4,147	9
2,106	3,542	3,667	5,350	4,812	2,005	3,612	10
4,008	6,204	7,232	11,605	9,820	3,613	6,731	11
3,274	5,079	6,041	10,440	8,194	2,941	5,487	12
1,871	2,907	3,518	5,955	4,812	1,741	3,001	13
0,790	1,246	1,540	3,205	2,408	0,696	1,342	14
14,520	23,180	26,400	43,260	35,870	13,300	24,320	15
0,122	0,158	0,196	0,211	0,148	0,110	0,246	16
0,139	0,140	0,218	0,218	0,133	0,111	0,275	17
0,340	0,307	0,582	0,913	0,477	0,303	0,719	18
0,407	0,346	0,710	1,505	0,659	0,412	0,853	19
0,422	0,355	0,718	1,519	0,604	0,422	0,761	20
0,345	0,294	0,574	1,550	0,645	0,319	0,573	21
1,775	1,600	2,998	5,916	2,666	1,677	3,427	22
9,637	14,748	17,726	20,419	13,341	8,596	17,165	23
4,306	6,081	8,039	13,189	11,730	4,577	8,440	24
2,528	3,021	5,854	19,382	10,797	2,826	4,630	25
1,376	2,480	3,491	5,815	3,143	1,353	1,840	26
1,198	1,582	1,926	2,064	1,086	0,933	1,442	27
0,595	0,895	0,744	-0,015	-0,147	0,375	0,365	28
19,640	28,807	37,780	60,800	39,950	18,660	33,882	29
48,5	51,1	46,9	33,5	33,4	46,1	50,6	30
21,7	21,1	21,3	21,7	29,4	24,5	24,9	31
12,7	10,5	15,5	31,8	27,0	15,1	13,7	32
6,9	8,6	9,2	9,6	7,9	7,3	5,4	33
6,1	5,5	5,1	3,4	2,7	5,0	4,3	34
3,0	3,2	2,0	—	-0,4	2,0	1,1	35
98,9	99,9	100,0	100,0	100,0	100,0	100,0	36